EXPOSITION UNIVERSELLE DE 1889

SAUTTER, LEMONNIER & Cie

PARIS
26, AVENUE DE SUFFREN, 26
CHAMP DE MARS

EXPOSITION UNIVERSELLE DE 1889

A PARIS

SAUTTER, LEMONNIER & Cie

26, AVENUE DE SUFFREN (Champ de Mars)

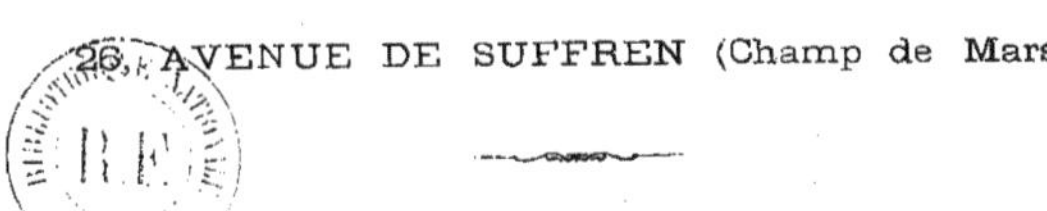

ÉCLAIRAGE DES COTES

PHARES & FANAUX

ECLAIRAGE A L'ÉLECTRICITÉ

MACHINES ÉLECTRIQUES

ÉCLAIRAGE DES NAVIRES

MOTEURS A GRANDE VITESSE

APPAREILS DE LEVAGE

NOTE

sur l'établissement de MM. SAUTTER, LEMONNIER et Cie

Les trois branches principales de l'activité de MM. Sautter, Lemonnier et Cie sont : l'Electricité, la Mécanique et l'Optique.

Comme constructeurs électriciens, MM. Sautter, Lemonnier et Cie ont été amenés, en effet, à développer la fabrication des moteurs destinés à la commande des machines électriques ; elle représente maintenant une part importante de leurs travaux.

Ils continuent également l'industrie toute spéciale et caractéristique de la construction des Phares.

Origine de l'Établissement — Industrie des Phares

L'origine de l'Etablissement de MM. Sautter, Lemonnier et Cie remonte à l'année 1825, où il fut fondé par l'opticien Soleil, pour la construction des phares lenticulaires que venait d'inventer Augustin Fresnel. Mais le développement de cette Industrie ne commença réellement qu'à partir de 1852 où elle passa aux mains de M. Louis Sautter, dont le concours important et l'autorité reconnue en cette matière, contribuèrent à l'adoption de ce nouveau système d'éclairage par la plupart des nations maritimes.

Une grande partie des phares lenticulaires existant sur le globe entier furent construits par ses soins. Le nombre total des appareils livrés par l'usine de l'Avenue de Suffren, atteint, en 1889, 2061 dont 143 de 1er ordre.

Ce fut également avec la collaboration de M. Louis Sautter que l'on appliqua la lumière électrique à l'éclairage des côtes, et que se construisirent les premiers phares électriques français, ceux de la Hève.

En 1867, M. Louis Sautter étudiait et créait le premier appareil projecteur de lumière, du système lenticulaire, destiné au yacht du Prince Napoléon, la " Reine Hortense ".

L'industrie de l'optique s'enrichissait ainsi d'une nouvelle branche, d'invention toute française, dont le développement, lié au progrès de l'électricité, a pris, dans la suite, un essor inattendu.

Il y a plus de dix années, M. Louis Sautter s'est adjoint, comme collaborateur, son fils, qui partage aujourd'hui la direction avec M. Lemonnier, sous la raison sociale Sautter,

Lemonnier et Cie. M. Louis Sautter continue à la maison l'appui de sa longue expérience. Enfin, la Direction de la maison s'est assuré, depuis deux ans, le concours de M. Émile Harlé, ingénieur des Ponts-et-Chaussées.

Électricité industrielle

Le plus grand progrès réalisé pour la production des courants électriques a été l'invention des machines dynamo-électriques.

Dès l'apparition de la machine de Gramme, en 1870, M. Lemonnier était frappé des avantages exceptionnels que présentait ce générateur d'électricité, et il proposait d'en substituer l'emploi à celui des machines magnéto pour l'éclairage des phares et des projecteurs.

Ce fut, en effet, pour des appareils de projections électriques, destinés à la Marine de Guerre, et commandés par des Gouvernements qui pouvaient supporter les frais de mise en œuvre d'une invention nouvelle, que MM. Sautter, Lemonnier et Cie construisirent, en 1872, d'après les indications de l'inventeur, leur première machine Gramme. Le succès répondit à leurs efforts dans cette voie nouvelle, où tout était à créer, et les perfectionnements auxquels ils contribuèrent dans la construction des dynamos, rendirent bientôt possible l'éclairage industriel.

Progrès de l'Éclairage électrique

Les résultats satisfaisants obtenus par l'éclairage électrique de l'usine de l'Avenue de Suffren, la seconde en France par ordre de date (l'atelier Gramme a été le premier), engagèrent MM. Sautter, Lemonnier et Cie à proposer l'emploi de la lumière électrique aux grands ateliers de construction, puis aux tissages, et plus tard, aux filatures.

En 1878, l'éclairage par arc était déjà, sinon populaire, du moins assez répandu et perfectionné. Ce n'est toutefois qu'à partir de l'Exposition Internationale d'Electricité, en 1881, où se révéla la lampe à incandescence, que fut acquis à l'industrie la division de la lumière électrique et la possibilité pour l'électricité d'entrer en concurrence plus directe avec les autres modes d'éclairage.

L'année 1881 a marqué l'ouverture d'une ère nouvelle pour l'électricité industrielle. On ne s'en est pas rendu compte à cette époque, et ce n'est guère que maintenant que l'on s'aperçoit clairement de l'impulsion extraordinaire qu'ont donnée, à toutes les applications, les travaux du Congrès International des Electriciens, et tout particulièrement la fixation si importante des unités de mesure.

Les progrès de l'industrie électrique ont été depuis lors si rapides qu'il serait difficile d'en donner une idée. Les besoins croissants se sont diversifiés et il a fallu y répondre dans des conditions de plus en plus variées.

Installations d'Éclairage par Messieurs Sautter, Lemonnier et Cie

En modifiant les types de dynamos, les modes de distribution, les systèmes d'appareillage, MM. Sautter, Lemonnier et Cie ont pu réaliser de nombreuses installations pour la grande et la petite industrie, pour les Arsenaux, les Poudreries et les Manufactures de l'Etat, où les avantages de l'éclairage électrique sont manifestes, pour les maisons d'habitation, les voies et places publiques, les jardins, pour les Chantiers de Travaux Publics, les Canaux, les Ports, etc.

Éclairages provisoires

Dans certaines circonstances critiques, il importe d'installer rapidement un éclairage provisoire, d'une grande puissance; on peut citer, à ce propos, parmi les installations de ce genre faites par la Maison, l'une sur le chemin de fer du Nord en 1885, pour déblayer le tunnel de States près Huy (Belgique), qui venait de s'ébouler, elle fut mise en état de fonctionner en quelques heures, et une autre sur le chemin de fer de l'Est, en Janvier 1887, où le même accident venait de compromettre la construction commencée de l'ouvrage d'Heuillet Cotton.

L'emploi de l'électricité est tout indiqué pour certaines opérations militaires de grande importance comme l'embarquement rapide de troupes ou de matériel. Il ne sera pas inutile de rappeler l'expérience faite lors de l'essai de mobilisation du 17e corps d'armée en 1887. En une seule journée, avec un matériel industriel ordinaire de dynamos et locomobiles, et un personnel composé d'hommes étrangers à la pratique de l'électricité, deux ingénieurs envoyés par la maison ont pu établir 17 foyers à arc dans la gare de Toulouse, 8 dans celle de Carcassonne, et assurer l'embarquement des troupes dans les délais prévus.

Eclairage des Navires

Une branche toute spéciale des applications de l'électricité est l'éclairage intérieur des navires. Les conditions à remplir sont plus difficiles et plus impérieuses, en général, que dans les installations sur terre ferme. MM. Sautter, Lemonnier et Cie ont été les premiers à propager l'éclairage électrique dans la Marine Française, et ils ont acquis, dans ces dernières années, une grande expérience par les nombreuses installations dont ils ont été chargés, aussi bien à l'Etranger qu'en France, pour les navires de Guerre et de Commerce.

Un seul chiffre suffira à montrer l'importance de ces installations, elles représentent une puissance de 10,000 chevaux électriques.

Nous signalerons aussi la part prise au développement des signaux maritimes pendant la nuit à l'aide de l'électricité, application dont l'importance militaire et même commerciale est de plus en plus ressentie dans les milieux maritimes.

Projecteurs

Depuis l'Exposition de 1878, où figuraient les appareils de projection électrique du type lenticulaire, construits par MM. Sautter, Lemonnier et Cie, l'emploi des projecteurs de lumière électrique s'est généralisé, non pas seulement dans la Marine Française mais aussi dans la plupart des Marines Etrangères.

Le projecteur Mangin, que ses propriétés optiques et sa puissance ont fait adopter officiellement dans presque tous les pays, figurait pour la première fois à l'Exposition d'Electricité en 1881. On pourra juger de l'extension qu'a prise cette industrie par le chiffre des appareils livrés par MM. Sautter, Lemonnier et Cie, qui est, à l'heure actuelle, d'environ 1.500.

L'application des projections électriques à la Marine du Commerce, proposée par MM. Sautter, Lemonnier et Cie, dès avant 1872, avec l'aide des appareils qu'ils avaient créés, n'a pris un sérieux développement qu'à partir de l'ouverture pendant la nuit du Canal de Suez. Bien que les appareils Mangin aient donné là plus que l'on ne s'y attendait, l'opinion de MM. Sautter, Lemonnier et Cie est que l'on ne se trouve encore qu'au début de ce nouvel emploi de la lumière électrique.

Appareils photo-électriques mobiles

La construction des appareils photo-électriques locomobiles, destinés aux armées de terre, s'est développée — quoique d'une manière moins rapide que pour la Marine de Guerre — pendant la dernière période décennale.

Les modèles employés se sont diversifiés et permettent de répondre plus complètement aux exigences variées de la guerre moderne. MM. Sautter, Lemonnier et Cie ont fourni des appareils photo-électriques aux principaux pays de l'Europe.

Moteurs à grande vitesse

La fabrication des moteurs à grande vitesse, destinés à la commande des dynamos, a pris une sérieuse extension depuis quelques années. A cette branche de l'industrie de MM. Sautter, Lemonnier et Cie, qui ne comprenait au début (en 1883) que la construction du moteur Brotherhood à trois cylindres, sont venus s'adjoindre, pour ce qui est des moteurs à vapeur, les moteurs genre pilon à 1 ou 2 cylindres et leurs variétés, et, tout récemment l'ingénieux appareil dit turbo-moteur, inventé par M. Parsons.

Un atelier spécial a été créé pour cette mécanique toute de précision. Rien n'a été épargné pour constituer un outillage exact qui ne le cède en rien à celui des ateliers de précision les plus renommés.

Machines

L'atelier de construction des machines dynamos électriques de MM. Sautter, Lemonnier et Cie s'est notablement agrandi depuis la dernière Exposition. Le succès croissant des machines dynamos, soit comme générateurs d'électricité, soit comme moteurs, les a amenés, tout en conservant comme point de départ l'anneau Gramme, à étudier des types nouveaux répondant à des besoins souvent fort différents. Le nombre total de chevaux électriques sortis de cet atelier atteint, en 1889, 17,000 chevaux.

Crayons électriques

MM. Sautter, Lemonnier et Cie ont également poursuivi et développé la fabrication des crayons électriques. De sérieux progrès ont été réalisés pour l'obtention d'une lumière fixe et régulière.

Signaux sonores

Le développement qu'a pris l'atelier de précision a permis à MM. Sautter, Lemonnier et Cie de perfectionner la fabrication des signaux sonores, déjà représentés à l'Exposition de 1878, et dont l'usage tend à se généraliser depuis cette époque, soit pour signaler les côtes aux navigateurs par les temps de brume, soit à bord des navires.

L'Administration des Phares de France expose, dans son pavillon du Trocadéro, des appareils acoustiques construits par MM. Sautter, Lemonnier et Cie, pour le phare de Barfleur.

Appareils de levage

Les appareils de levage, système Mégy, Echeverria et Bazan, brillamment récompensés en 1878, sont maintenant d'un usage courant dans l'industrie et les travaux publics. Divers perfectionnements ont été apportés aux types primitifs.

Compresseurs

MM. Sautter, Lemonnier et Cie continuent également à fournir des compresseurs et des machines à comprimer l'air aux travaux publics, aux mines, aux sucreries, aux usines qui emploient l'air comprimé comme force motrice ainsi qu'aux manufactures de produits chimiques.

Disons en terminant cette revue rapide que la surface occupée par les ateliers a plus que doublé depuis 1878. Elle a passé, en effet, de **3100** mètres carrés à **7400** mètres carrés.

La force motrice employée a plus que quintuplé dans la même période. Ces indications suffisent à montrer l'accroissement important qu'a pris l'établissement de MM. Sautter, Lemonnier et Cie depuis la dernière Exposition Universelle.

La description des produits des diverses branches d'industrie que nous venons d'énumérer fait l'objet des pages qui vont suivre. Elle a été faite en observant la classification officielle par classes. Toutefois, comme certains produits peuvent appartenir en même temps à deux classes distinctes, un renvoi permettra de se reporter exactement au chapitre renfermant leur description. Enfin, des produits similaires ont été exposés dans des classes différentes. Par exemple, un phare est placé dans la Classe de la Navigation. Il sera décrit néanmoins avec les appareils du Génie Civil exposés dans le Palais des Machines où se trouve l'Exposition principale.

OBJETS EXPOSÉS

CLASSE 48

MATÉRIEL DES MINES ET DE LA MÉTALLURGIE

(Palais des Machines)

Un ventilateur de Mines actionné directement par un moteur électrique.

CLASSE 52

MACHINES ET APPAREILS DE LA MÉCANIQUE GÉNÉRALE

(Palais des Machines)

Un moteur pilon à un cylindre à détente variable.
Un moteur hydraulique Mégy.

APPAREILS DE LEVAGE

Un treuil électrique pour pont roulant.
Treuils mixtes verticaux de 1,000 et 5,000 kilos.
Treuil roulant mixte de 6,000 kilos.

CLASSE 62

ÉLECTRICITÉ

(Palais des Machines)

Une dynamo de 100 chevaux commandée directement par un moteur pilon.

Un turbo-moteur Parsons de 100 ampères.

Dynamos de types divers.

Moteurs électriques pour télégraphes.

Un moteur pilon compound actionnant par une courroie une dynamo triplex (Eclairage de la Tour Eiffel).

CLASSE 63

MATÉRIEL ET PROCÉDÉS

DU GÉNIE CIVIL, DES TRAVAUX PUBLICS ET DE L'ARCHITECTURE

Un phare de 2e Ordre éclairé par l'Electricité. (Palais des Machines.)

Un phare de 2e Ordre à l'huile. (Annexe de la Navigation.)

Un phare électrique à éclats. (Tour Eiffel.)

Feux de port, tours en fer, Fanaux.

Appareils et signaux sonores de brume. (Pavillon de l'Administration des Phares.) (Trocadéro.)

Sirène pour navires. (Palais des Machines.)

CLASSE 65

MATÉRIEL DE LA NAVIGATION ET DE SAUVETAGE

(Annexe de la Navigation)

Une dynamo triplex commandée directement par un moteur à axe central compound.

Un turbo-moteur Parsons de 60 ampères.

Une dynamo duplex et son moteur pilon compound. (Palais des Machines.)

Une dynamo Gramme actionnée directement par un moteur Woolf horizontal à 2 cylindres.

Fanaux électriques pour feux de route et signaux.

Appareils manipulateurs de signaux.

Tableau de distribution et appareils accessoires pour l'éclairage intérieur des navires par l'incandescence.

Un projecteur Mangin de 60 c/m commandé à distance. (Palais des Machines.)

Une lampe électrique mixte pour projecteur. (Palais des Machines.)

Un projecteur Mangin de 30 c/m avec lampe à main. (Palais des Machines.)

CLASSE 66

MATÉRIEL ET PROCÉDÉS DE L'ART MILITAIRE

Un projecteur monstre du système Mangin, de 1m500 de diamètre, sur socle fixe. (Palais des Machines.)

Un projecteur Mangin de 90 c/m, sur socle à galets. (Palais du Ministère de la Guerre à l'Esplanade des Invalides.)

Deux projecteurs Mangin de 90 c/m, sur socle à galets à faisceau plongeant. (Au sommet de la Tour Eiffel.)

Projecteur de 60 c/m, sur socle en treillis. (Palais des Machines.)

Appareil photo-électrique pour l'Armée de Terre. Locomobile à lumière et chariot du projecteur. (Palais des Machines.)

LISTES DES RÉCOMPENSES

obtenues par MM. SAUTTER, LEMONNIER et Cie.

Exposition Universelle : Paris 1855. — MÉDAILLE D'HONNEUR
Exposition Universelle : Paris 1867. — MÉDAILLE D'OR
Nomination de M. Louis SAUTTER, Chevalier de la Légion d'Honneur
Exposition Universelle : Vienne 1873. — DIPLOME DE PROGRÈS
Exposition Universelle : Paris 1878. — 3 MÉDAILLES D'OR, 2 MÉDAILLES D'ARGENT
Exposition Internationale d'Électricité : Paris 1881. — MÉDAILLE D'OR
Nomination de M. LEMONNIER, Chevalier de la Légion d'Honneur
Exposition Internationale d'Électricité : Vienne 1883. — MÉDAILLE D'OR
Exposition Internationale d'Électricité : Turin 1884. — DIPLOME D'HONNEUR
Exposition Universelle : Anvers 1885. — HORS CONCOURS, MEMBRE DU JURY
Exposition Maritime Internationale : Hâvre 1887. — DIPLOME D'HONNEUR

SAUTTER, LEMONNIER & Cie

CLASSE 52

MACHINES ET APPAREILS DE LA MÉCANIQUE GÉNÉRALE

RÉCOMPENSES OBTENUES :

Exposition Universelle : Paris 1867. — MÉDAILLE D'OR
Exposition Universelle : Vienne 1873. — DIPLOME DE PROGRÈS
Exposition Universelle : Paris 1878. — MÉDAILLE D'OR (Classe de Mécanique Générale)
Exposition Universelle : Anvers 1885. — HORS CONCOURS (MEMBRE DU JURY)

APPAREILS DE LEVAGE. - APPAREILS DE LEVAGE ET OUTILS MUS PAR L'ÉLECTRICITÉ MOTEURS A VAPEUR. - MOTEURS HYDRAULIQUES. - COMPRESSEURS D'AIR

OBSERVATIONS GÉNÉRALES

Les appareils de levage, système Mégy, Echeverria et Bazan, brillamment récompensés en 1878, sont trop connus pour qu'il soit nécessaire d'insister ici sur leurs avantages.

Construits avec les soins qu'ils demandaient, leur usage est devenu général depuis la dernière Exposition Universelle.

On sait que l'organe principal de ces appareils est un embrayage élastique à ressort. Il y a deux manières d'utiliser ce mécanisme. Dans la première, le ressort établit normalement une liaison entre l'organe mobile que l'on doit faire mouvoir et un point fixe. Pour produire le mouvement, il est nécessaire de rompre cette liaison, en agissant directement sur le ressort; c'est alors un embrayage proprement dit. Avec la seconde disposition, la connexion n'existe pas en marche normale ; elle ne se produit que par l'action de la force centrifuge agissant sur des masses spéciales : on a ainsi un frein régulateur de vitesse.

Les appareils basés sur la première disposition sont dits droite et gauche, aucun mouvement ne pouvant avoir lieu au repos lorsqu'on abandonne la manivelle; il est nécessaire de la tourner à droite ou à gauche pour faire descendre ou monter la charge. Le mouvement est donc aussi précis et aussi lent que l'on désire, puisqu'il est nécessaire pour le produire d'exercer une action extérieure,

Au contraire, avec le frein régulateur et limitateur de vitesse, la charge descend sans dépense de force extérieure, mais son mouvement quoique réglé, atteint cependant une certaine rapidité. Nous avons perfectionné le système en réunissant sur les mêmes appareils les avantages des deux dispositions. Suivant la nature du travail, il y a intérêt à pouvoir marcher, à volonté, avec une grande précision et une allure lente, que l'on règle soi-même, ou l'allure rapide mais automatique.

Nos treuils, dits mixtes, possèdent un organe spécial, commandé séparément, qu'il suffit d'actionner pour transformer l'appareil droite et gauche en appareil à régulateur.

L'embrayage Mégy se prête avec facilité à la commande par le moyen de l'électricité. Comme type de ce genre de machines, nous présentons un treuil roulant électrique. Un grand avenir est réservé, croyons-nous, à cette branche de la transmission électrique de la force.

La valeur totale des appareils de levage sortis de nos ateliers en 1889 dépasse 3,500,000 francs.

L'introduction de la commande électrique pour les appareils de levage n'est qu'un cas particulier de l'application de l'électricité aux machines.

Nous exposons, comme specimens, des perceuses pour tôles de navires, actionnées électriquement, et un ventilateur mis en mouvement par un moteur électrique.

La construction des machines dynamos électriques nous a conduits tout naturellement à nous occuper de celle des moteurs destinés à les actionner.

A l'origine, les dynamos possédant de grandes vitesses angulaires, il était nécessaire de recourir à des moteurs spéciaux. C'est ainsi que nous avons appliqué les moteurs Brotherhood et Mégy.

La création des dynamos à vitesse lente nous a permis de revenir aux moteurs ordinaires comme le type vertical Pilon. Il est inutile d'insister sur les avantages d'un type connu de tout le monde, et dont l'emploi est très répandu dans l'industrie et de la marine. Pour les navires, les conditions difficiles où l'on se trouve placé, au point de vue du poids, de l'encombrement et du service, nous ont obligés à imaginer des dispositions particulières qui constituent de véritables innovations.

Nous citerons notamment nos moteurs à axe central et nos moteurs Woolf horizontaux.

Nous sommes arrivés, par une étude et des améliorations rationnelles, à atteindre avec nos moteurs, un rendement aussi bon que celui des grandes machines industrielles, la consommation étant inférieure à 10 kilos par cheval effectif mesuré au frein et par heure, dans les conditions normales.

Nous continuons également la construction des compresseurs d'air déjà représentés à l'Exposition de 1878. Leur emploi est assez répandu dans les industries de produits chimiques et dans la sucrerie. Pour les moteurs à air comprimé, pour la perforation mécanique, nous avons établi des types variés. On peut voir dans le Pavillon du Ministère des Travaux Publics, au Trocadéro, un compresseur à deux cylindres construit pour l'alimentation des signaux sonores de Barfleur, exécuté pour l'Administration Française des Phares.

Les appareils compresseurs d'air, construits dans nos ateliers, représentent, en 1889, une valeur de plus de 800,000 francs.

DESCRIPTION DES OBJETS EXPOSÉS

I. — APPAREILS DE LEVAGE

1° Un treuil électrique pour pont roulant (Bté S. G. D. G.)

Ce treuil, de la force de 3.000 kilos, est du système Mégy, à régulateur de vitesse.

Le bâti du treuil sert de culasse à la dynamo motrice dont les électros sont en fonte. L'axe de la bobine se prolonge par une vis sans fin, qui actionne directement la poulie de commande, et dont l'extrémité tourne dans un palier-crapaudine à lentilles mobiles.

Au moment de la mise en marche, le courant traverse un système de résistances variables que l'on fait décroître progressivement par le mouvement même du volant de manœuvre, jusqu'à ce que l'on ait atteint une vitesse convenable.

La vitesse maxima de montée de la charge est de 35 millimètres par seconde, le moteur tournant 1,200 tours.

2° Treuil de 1000 kilos, système Mégy

Ce treuil, à régulateur de vitesse, est de la force de 1,000 kilos.

La vitesse de descente, quelle que soit la charge, est limitée à 30 centimètres par seconde environ.

3° Treuil mixte vertical de 5000 kilos (Bté S. G. D. G.)

Ce treuil est, comme le précédent, destiné à être fixé verticalement contre une paroi. Son mécanisme est de notre type mixte, c'est-à-dire réunissant les deux genres d'appareils Mégy, « droite et gauche » ou à « régulateur de vitesse ». La boîte renfermant la poulie à ressort est mobile autour d'un axe et entourée par un frein à bande. Cette boîte est fixe normalement, le frein maintenu serré par un contre-poids ; l'appareil fonctionne alors comme un droite et gauche. Il faut tourner la manivelle pour monter ou descendre la charge. Au contraire, si l'on agit sur le levier du frein pour le desserrer, la boîte devient mobile et son mouvement dépend alors d'un régulateur de vitesse. La descente se fait à régulateur.

4° Treuil mixte pour pont roulant de 6000 kilos (Bté S. G. D. G.)

Le mécanisme est identique à celui du treuil précédent, mais l'appareil est construit pour pont roulant avec mouvement de translation.

Il est spécialement destiné aux ateliers de montage, où l'on peut avoir, soit des manœuvres de descente rapide à faire, soit des manœuvres de précision pour l'assemblage des pièces de machines.

6° Gerbeuse extensible pour la manutention des futs (Bté S. G. D. G.)

(Exposée Classe 52. Palais des Machines. — Classe 75. Viticulture)

Cette gerbeuse, très légère, est montée sur un chariot porteur pouvant la rouler dans toutes les directions. La potence est mobile autour de son axe, et sa hauteur, variable à volonté, lui permet de fonctionner sous des plafonds bas ou dans des espaces plus élevés, pour gerber en 4e rang par exemple. L'appareil peut circuler entre les piles de tonneaux, prendre ou déposer la charge, en orientant sa volée dans les deux sens.

Le treuil est du système Mégy, droite et gauche, sans retour de manivelles, la charge s'arrête instantanément et sans choc si on l'abandonne. La vitesse de descente dépend uniquement du mouvement que l'on imprime à la manivelle.

En retirant une cheville qui fixe la flèche au montant central, on fait varier la hauteur de la potence par le simple mouvement du treuil.

On peut, avec cet appareil, ranger les tonneaux par piles, les descendre ou les monter dans des puits, charger ou décharger les voitures.

II. — MACHINES-OUTILS ÉLECTRIQUES

1° Perceuse électrique

(Exposé dans la Classe 65. — Navigation)

Cet appareil est composé d'un moteur électrique Gramme, bi-polaire, tournant 1500 tours et transmettant son mouvement à la perceuse à l'aide d'un flexible.

La puissance du moteur est de 1/2 cheval.

Cet ensemble est léger, peu encombrant, très mobile et se prête parfaitement aux conditions difficiles du travail de percage des tôles de navires dans les chantiers maritimes. Nous avons fourni un certain nombre de ces perceuses, d'un type plus puissant, au Gouvernement Japonais pour l'Arsenal d'Yokoska.

2° Ventilateur électrique (Bté S. G. D. G)

(Exposé dans la Classe 48. — Matériel des Mines et de la Métallurgie)

Le moteur électrique est monté directement sur l'arbre d'un ventilateur Bourdon de 26 c/m de diamètre, fournissant 8 mètres cubes d'air par minute avec une dépression de 10 m/m d'eau. Il tourne à 1,000 tours et développe 12 kilogrammètres. — L'ensemble est compact et d'un rendement élevé, du à la suppression de toute transmission intermédiaire.

III. — MOTEURS A GRANDE VITESSE

1° Moteur Pilon de 100 chevaux commandant directement une dynamo de 100.000 watts (B^té S. G. D. G.)

(Exposé dans la Classe 62. — Electricité)

Ce moteur est du genre Pilon, à deux cylindres, compound, d'une puissance de 120 chevaux. La détente est variable, le moteur pouvant fonctionner à condensation ou à échappement à air libre. En marche normale, à la pression de 6 kilos, la consommation ne dépasse pas 9 kilos par cheval-heure effectif mesuré au frein. La régularité de marche est complète. En coupant brusquement le courant de la dynamo, on aperçoit à peine une légère variation dans la vitesse. A l'aide d'un compensateur particulier, on peut modifier le réglage normal du régulateur. On peut ainsi marcher à volonté entre 150 et 300 tours.

Dans le moteur, tel qu'il est employé à l'Exposition, où le travail demandé est assez variable, la détente est commandée à la main. Le régulateur agit directement sur l'obturateur par le moyen d'articulations spéciales sans frottement.

Si le travail à effectuer est constant, comme c'est le cas dans les conditions normales, le régulateur est disposé de manière à manœuvrer directement le tiroir de détente. Un mécanisme entièrement nouveau, équilibre exactement les poussées sur le tiroir de détente ; la résistance à vaincre pour le régulateur est presque nulle. De plus, l'inégalité d'admission, provenant de l'influence de la bielle, se trouve rigoureusement compensée par une propriété géométrique du système.

Le graissage est continu, du système Degremont à la graisse influide.

2° Moteur Pilon à 2 cylindres Compound

(Exposé dans la Classe 62. — Palais des Machines)

a. — Moteur de 30 chevaux actionnant directement une dynamo duplex. — type " Indomptable ".

Ce moteur est du même type que le précédent, d'une puissance de 30 chevaux à 5 kilos de pression. Il marche également à condensation ou avec échappement à air libre. La distribution est faite dans le grand cylindre (diamètre 310), par un seul tiroir, et dans le petit cylindre (diamètre 206), par un tiroir double à détente variable. Le piston a 170 millimètres de course. En marche normale, à 350 tours et 5 kilos de pression, la consommation n'atteint pas 10 kilos par cheval-heure effectif mesuré au frein. En augmentant l'introduction, on obtient 45 chevaux de puissance. Le régulateur de vitesse est très sensible et disposé de manière à ce que, pendant la marche, en puisse faire varier l'allure normale du moteur. — Tous les coussinets sont à rattrapage de jeu.

b. — Moteur de 45 chevaux actionnant par courroie une dynamo triplex. — (Eclairage de la Tour Eiffel.) Type " Amiral-Baudin ".

Le moteur placé dans la pile sud de la Tour Eiffel, fournit 45 chevaux à la pression normale de 5 kilos, à 350 tours. Le grand cylindre a 380 millimètres de diamètre; le petit cylindre 260; la course 200 millimètres.

En augmentant l'introduction, on peut obtenir 70 chevaux; c'est la marche actuelle du moteur pour la puissance nécessaire à l'éclairage de la Tour.

On peut s'assurer de la parfaite régularité de son mouvement en observant les lampes à incandescence aux diverses plate-formes, au moment de l'allumage ou de l'extinction du phare ou des projecteurs. Il n'est pas possible d'apercevoir la moindre oscillation, bien que le courant qui les alimente provienne de la même dynamo.

3° Moteur à axe central Compound, à 2 cylindres, actionnant directement une dynamo triplex (B[té] S. G. D. G.) type " Troude "

(Exposé dans la Classe 65. — Navigation)

Dans ce nouveau type de moteur Pilon, nous avons cherché à réduire, autant que possible, la hauteur totale du foyer, de façon à ne pas dépasser celle de la dynamo. A l'inverse du type " Indomptable ", les cylindres sont placés à la partie inférieure et servent de bâti à tout le système. L'arbre de couche est dans l'axe même de l'ensemble, au centre de la machine. La dynamo est sur l'arbre du moteur qui se prolonge en porte-à-faux. On peut ainsi mettre en place l'induit et le collecteur, indépendamment du moteur et des inducteurs, portés par un bâti en fer fixé aux cylindres.

Les dimensions totales de l'ensemble, 1m40 de hauteur, 2m00 de longueur, 1m05 de largeur, rendent l'installation facile dans les locaux les plus réduits, tels que ceux dont l'on dispose sur les navires de guerre.

Le poids total du moteur et de la dynamo est de 2,600 kilos. Avec 6 kilos de pression et condensation, en marche normale la puissance du moteur est de 30 chevaux, à la vitesse de 350 tours. La détente est variable, et l'on peut marcher avec échappement à air libre toujours dans les conditions les plus économiques.

4° Moteur horizontal Woolf Tandem à 2 cylindres, actionnant directement une dynamo Gramme bi-polaire (B[té] S. G. D. G.), type " Davout "

(Exposé dans la Classe 62 — Électricité)

Ce moteur, de création récente, a été étudié pour répondre à des exigences particulières d'encombrement, imposées par la disposition intérieure des nouveaux types de croiseurs de la Marine Française

Les deux cylindres du moteur sont couchés horizontalement et en prolongement l'un de l'autre, en sorte que leur hauteur ne dépasse pas celle de la dynamo, elle-même de forme ramassée.

Les dimensions générales sont les suivantes :

Hauteur 900 millimètres, largeur, $1^{m}625$, longueur, $2^{m}432$. Le moteur est compound, d'une puissance de 30 chevaux effectifs mesurés au frein, à la pression de 7 kilos et à condensation. La détente est variable; on peut également marcher avec échappement à air libre. La vitesse normale est de 350 tours et le régulateur construit de manière à réprimer les écarts de vitesse de plus de 2,5 % entre la marche en pleine charge et la marche à vide.

5° Un moteur Pilon à 1 cylindre à détente variable (Bté S. G. D. G.)

Nous avons créé ce nouveau type de moteur surtout en vue d'applications industrielles. Le bâti est en fonte, d'une forme dégagée permettant l'accès facile des organes. La distribution se fait par un tiroir circulaire à piston ; la commande du tiroir de détente, également circulaire, a lieu par le côté; c'est là une disposition nouvelle que nous signalons. La détente variable est obtenue par le décalage à la main de l'excentrique.

La consommation est inférieure à 10 kilos, par cheval-heure effectif mesuré au frein, à condensation. Le diamètre du cylindre est de 250 millimètres et la course du piston de 300 millimètres. A 5 kilos de pression, la puissance développée est de 35 chevaux, mais le moteur peut développer jusqu'à 60 chevaux en tournant à 350 tours. Le graissage est continu à la graisse influide.

6° Moteur hydraulique Mégy à 2 cylindres

Ce moteur à deux cylindres tourne à une vitesse normale de 160 tours; dans ces conditions, sa puissance varie de 3/4 à 5 chevaux, pour une chute de 15 à 100 mètres. Il consomme 18 mètres cubes d'eau à l'heure. Ce moteur est réversible et peut agir comme pompe; il débite, dans ces conditions, 15 mètres cubes d'eau à l'heure.

IV. — COMPRESSEUR D'AIR

1° Compresseur, type B

(Exposé dans la Classe 48. — Exploitation des Mines. — Palais des Machines)

Ce compresseur, commandé par une courroie, est employé à l'exploitation des mines de Lens, où l'installation complète a une puissance de 140 chevaux. Le cylindre a 240 millimètres de diamètre. La course du piston est de 320 millimètres. En marche normale, à 75 tours par minute, la puissance nécessaire est de 15 chevaux, pour un volume d'air, comprimé à 5 atmosphères, de 21,7 mètres cubes par heure.

Pour le refroidissement nous employons les procédés bien connus du professeur

Colladon de Genève, injection d'eau pulvérisée dans le cylindre pendant l'aspiration et circulation d'eau.

Les soupapes sont en acier forgé.

2° Compresseur d'air pour l'alimentation de signaux sonores

Exposé dans le Pavillon de l'Administration des Phares au Trocadero.
(Classe 63. — Génie Civil.)

Il fait partie d'un ensemble d'appareils et de signaux sonores, destinés au phare électrique de Barfleur, qui nous a été commandé par l'Administration des Phares de France.

Ce compresseur est à deux cylindres à air, de diamètres différents, placés en prolongement l'un de l'autre et commandés par courroie. Le grand cylindre a 300 m/m de diamètre, le petit 125 m/m ; la course commune des pistons est de 400 m/m. On peut faire fonctionner l'appareil de deux manières différentes : ou bien, faire marcher le grand cylindre à double effet, on comprime alors à 6 kilos effectifs, ou bien faire communiquer les deux cylindres, le grand marche alors à simple effet et le petit amène l'air de 6 à 15 kilos effectifs. Le travail dépensé dans les deux cas est le même à la même vitesse, ce qui assure l'équilibre dynamique de l'appareil.

L'eau consommée pour le refroidissement de l'air est de 90 litres à l'heure.

On trouvera dans notre notice sur la classe 63 (Génie Civil) des renseignements complets sur l'emploi de l'air comprimé pour les signaux sonores.

SAUTTER, LEMONNIER & Cie

CLASSE 62

ÉLECTRICITÉ

RÉCOMPENSES OBTENUES

Exposition Universelle: Vienne 1873. — DIPLOME DE PROGRÈS
Exposition Universelle: Paris 1878. — MÉDAILLE D'OR (CLASSE DE L'ÉCLAIRAGE)
Exposition Internationale d'Électricité: Paris 1881 — MÉDAILLE D'OR
Exposition Internationale d'Electricité: Vienne 1883. — MÉDAILLE D'OR
Exposition Internationale d'Électricité: Turin 1884. — DIPLOME D'HONNEUR
Exposition Universelle: Anvers 1885 — HORS CONCOURS, MEMBRE DU JURY.

ÉCLAIRAGE PAR L'ÉLECTRICITÉ, - MACHINES DYNAMOS ÉLECTRIQUES, MOTEURS ÉLECTRIQUES, - LAMPES A ARC, - MOTEURS A GRANDE VITESSE, - CRAYONS ÉLECTRIQUES, - APPAREILLAGE POUR L'ÉCLAIRAGE ÉLECTRIQUE.

OBSERVATIONS GÉNÉRALES

Nous croyons inutile de revenir ici sur les progrès accomplis, dans ces dernières années, par l'industrie de l'éclairage électrique. On peut se reporter pour cela à l'historique sommaire que nous avons essayé d'en retracer dans notre notice générale.

La construction des machines dynamos électriques s'est notablement perfectionnée. Nous avons conservé, comme armature, l'anneau Gramme tout en l'appliquant dans les conditions les plus variées. Les dimensions croissantes des machines construites ont obligé à des dispositions mécaniques nouvelles. La substitution des montures métalliques aux montures en bois, pour l'induit, est devenue nécessaire avec l'accroissement du diamètre. Ses avantages, au point de vue de la solidité et de la ventilation de l'anneau, sont manifestes. La division extrême du fer de l'induit et sa meilleure isolation ont contribué à élever notablement le rendement. Nous nous servons aussi, pour certains types, comme le turbo-moteur Parsons, d'induit-tambour.

Pour ce qui est de l'excitation, nous construisons des dynamos en série, en dérivation ou à double enroulement, mais, la pratique du compoundage, introduite dans l'industrie en 1884, et que nous avons été des premiers à réaliser, est de plus en plus employée.

Dans certains cas spéciaux, nous pratiquons même ce que l'on appelle l'hypercompoundage, la différence de potentiel aux bornes de la dynamo, croissant avec l'intensité, pour équilibrer l'effet des pertes de pression d'une canalisation étendue.

Les machines multipolaires ont été très en faveur ces dernières années; leur poids et leur encombrement sont minimun, par suite de la disposition du circuit magnétique.

On peut voir fonctionner, dans le Palais des Machines, une dynamo de notre type R, à 8 pôles, de 100.000 watts, employée à l'éclairage général.

Toutefois, la tendance actuelle dans l'industrie, fortifiée par les récents progrès de la théorie, parait être de revenir aux machines à deux pôles dont la construction est plus économique. Nous exposons plusieurs spécimens de nouvelles machines bi-polaires.

Nous avons livré environ 250 moteurs électriques dont plus de 200 pour l'Administration des Postes et Télégraphes. — D'autres sont installés dans diverses usines, soit pour des appareils de levage ou pour des machines-outils.

Nous pouvons citer, à ce propos, une installation faite dans les ateliers de la Cie du Chemin de fer de l'Ouest, à Sotteville près Rouen, où un même circuit électrique alimente des lampes à arc, à incandescence et actionne un monte-charge.

Nous avons fourni au gouvernement Japonais (Arsenal de Yokoska) des moteurs électriques faisant mouvoir des perceuses pour le travail des tôles de navires. C'est là une application vraiment pratique de la transmission de force par l'électricité. Enfin certains moteurs fournis par nous, sont employés à actionner des perforateurs.

La plupart des perfectionnements apportés à la construction de nos machines électriques sont dus aux travaux de M. Sacquet, l'un de nos collaborateurs, qui dirige nos ateliers d'électricité.

L'appareillage que nous employons, dans nos installations d'éclairage électrique, est construit dans nos ateliers. Tout particulièrement, nous poursuivons la construction des lampes à arc que nous avons commencée par la lampe Gramme. Des types spéciaux ont été établis pour les usages de la Guerre et de la Marine.

Nous devons également citer, comme annexe de l'électricité, nos moteurs à grande vitesse, dont l'usage commence à se généraliser dans l'industrie.

A l'heure actuelle, nos installations électriques représentent 2000 lampes à arc et 20.000 lampes à incandescence. La puissance totale des dynamos sorties de nos ateliers dépasse 17.000 chevaux électriques.

Nos principales installations en France peuvent se subdiviser ainsi :

Tissages et Filatures	44
Mines	15
Ateliers de construction mécanique	57
Teintureries	6
Papeteries	3
Fonderies et Forges	14
Huileries, Distilleries, Sucreries, Glaceries, Produits chimiques, etc...	29
Ateliers divers, Imprimeries, Chaudronneries, Ébénisteries, Scieries, Lingeries, etc.	22
Ministères de la Marine et de la Guerre, Poudreries, Cartoucheries, Ateliers de construction, Arsenaux, etc.	19
Eclairage maritime privé	10
Installations d'éclairage public. Villes	6
Chantiers de travaux publics	6
Ports et Docks	11
Magasins généraux	7
Chemins de fer, Gares, Tunnels	5
Moulins	11

Pour éviter les répétitions, nous renvoyons à nos notes sur les objets exposés dans les Classes 65 et 66, nous y avons décrits toutes les applications que nous avons faites de l'électricité, aux besoins de la Marine et de la Guerre.

DESCRIPTION DES OBJETS EXPOSÉS

1° Une dynamo de 100 chevaux actionnée par un moteur Pilon Compound.

(Palais des Machines)

Cette dynamo est du type multipolaire, à huit pôles, entourant un anneau Gramme de 1 mètre de diamètre. Son enroulement compound est réglé pour la vitesse normale de 350 tours par minute.

Elle fournit un courant de 1000 ampères et 105 volts, entièrement consacré le soir à l'éclairage général de l'Exposition.

Le moteur (Breveté S. G. D. G.), du type pilon compound à deux cylindres, est de la force de 120 chevaux nominaux, à la pression normale de 6 kilos. Il est remarquable par sa faible consommation (9 kilos), et sa régularité de marche. La vitesse se conserve rigoureusement égale, en pleine charge comme en marche à vide. (Pour sa description complète voir la notice sur la Classe 52, Mécanique générale).

Pendant la journée, le courant électrique est employé à charger des accumulateurs et à fournir l'énergie nécessaire à plusieurs moteurs électriques, dont l'un actionne un ventilateur.

2° Un turbo-moteur système Parsons, type de 100 ampères. (B[té] S. G. D. G.).

L'appareil que nous exposons a été construit dans nos ateliers. Il est formé d'une turbine à vapeur, dont l'axe prolongé supporte le tambour d'une dynamo. Grâce à l'énorme vitesse à laquelle tourne cet ensemble (9 à 10,000 tours par minute), il produit, à la pression de 5 kilos, un courant de 100 ampères et 70 à 80 volts, bien que son poids total ne soit que de 550 kilos. L'encombrement est très réduit, aussi bien en hauteur qu'en largeur, et la facilité de conduite complète, le graissage étant automatique.

Ces qualités sont particulièrement favorables à l'application du turbo-moteur aux usages de la Marine et de la Guerre. Nous nous sommes réservés la construction exclusive de cet appareil pour ces deux départements.

3° Un moteur Pilon Compound, actionnant par une courroie une dynamo triplex.
(Éclairage de la Tour Eiffel)

L'installation électrique de la Tour Eiffel comprend un phare électrique et deux projecteurs Mangin, consommant chacun 100 ampères. L'éclairage des restaurants, des escaliers, des promenoirs est réalisé par 300 lampes à incandescence de 20 et 10 bougies.

Le courant est produit par une dynamo triplex (6 pôles), placée dans la pile sud et actionnée par courroie, à l'aide d'un moteur de notre type Pilon Compound, de 45 chevaux nominaux, à la marche de 300 tours.

La dynamo fournit 600 ampères et 75 volts à 800 tours. Le moteur développe, dans les conditions actuelles, une puissance de 70 chevaux à la vitesse de 350 tours.

Pour se rendre compte de l'excellente régulation du moteur et de la dynamo, il suffit de regarder les lampes à incandescence au moment de l'extinction du phare ou des projecteurs ; c'est à peine s'il est possible d'apercevoir un faible oscillation.

Nous rappellerons ici un autre emploi de l'électricité sur lequel on trouvera plus de détails dans notre notice sur la Classe 63 (Génie civil) : le mouvement tournant du phare est produit non plus par une machine de rotation, mais par un petit moteur électrique dont l'énergie est empruntée au circuit de la lampe.

4° Deux dynamos Gramme, type bipolaire

Nous exposons, dans le Palais des Machines, deux dynamos Gramme de nos nouveaux types bipolaires :

a. — Une dynamo B, fournissant un courant de 100 ampères et 100 volts à 800 tours.

b. — Une dynamo H, fournissant un courant de 300 ampères et 70 volts à 600 tours.

Deux autres machines de ce type fonctionnent dans l'Exposition pour l'éclairage général.

Le rendement de ces machines, soigneusement étudiées, est élevé. En proportionnant d'une manière convenable les différents éléments, nous avons pu atteindre jusqu'à 96 0/0.

5° Un moteur électrique actionnant directement un ventilateur de mines, système Bourdon.

(Exposé dans la classe 48. — Matériel des Mines et de la Métallurgie.)

La réunion d'un moteur électrique et d'un ventilateur présente plus d'un avantage. On obtient ainsi un faible encombrement, le moteur étant monté en prolongement de l'axe même du ventilateur. La marche est très sûre et l'usure des organes réduite à un minimum. Il n'y a pas d'autre pièce tournante, en effet, que l'arbre lui-même, puisque l'on supprime tout intermédiaire transmetteur de mouvement. Le moteur, de notre type Y, peut développer 3/4 de cheval en tournant à 2000 tours. Il ne donne ici que 12 kilogrammètres et tourne à 1000 tours.

Le ventilateur est du type bien connu de Bourdon, de 26 cent. de diamètre d'ailette, fournissant 8 mètres cubes d'air par minute, avec une dépression de 10 centimètres d'eau.

6° Un ensemble dynamoteur (B^té S. G. D. G.) type B, pour petites installations.

Ce nouvel ensemble a été réalisé pour les installations de peu d'importance. Le bâti est en fonte, commun à la dynamo et au moteur, qui sont ainsi étroitement unis l'un à l'autre. Le moteur à un cylindre fournit, à la vitesse de 550 tours et à la pression effective de 5 kilos, un courant de 24 ampères et 55 volts. Le poids total est de 450 kilos et l'encombrement très réduit (hauteur totale 1 mètre, longueur totale 1 mètre.)

7° Un moteur électrique Gramme actionnant une perceuse.

(Exposé dans la classe 65. — Navigation.)

Le moteur, du type bipolaire, tourne à 1,500 tours et transmet son mouvement à l'outil à l'aide d'un flexible d'une dizaine de mètres, procurant ainsi plus de facilité pour la manœuvre de la perceuse. La puissance du moteur est de 1/2 cheval. Des appareils analogues, livrés par nous au Gouvernement Japonais, avaient une puissance de 50 kilogrammètres et tournaient à 1000 tours environ.

8° Un moteur électrique, type du service des Postes et Télégraphes.

On peut voir, dans notre exposition centrale, un moteur identique à ceux que nous fournissons au service des Postes et des Télégraphes pour actionner les appareils télégraphiques. Quatorze de ces appareils, commandés à l'occasion de l'Exposition, ont été livrés en trois semaines. Leur poids est de quelques kilogrammes. C'est à l'aide d'un semblable moteur que le mouvement est communiqué à la partie tournante du phare de la Tour Eiffel.

9° Lampes électriques.

a. — Lampes électriques de Gramme.

Une partie de l'éclairage des fermes dont nous avons été chargés au Palais des Machines se fait à l'aide des régulateurs du système bien connu de Gramme. On sait les avantages de solidité et de durée que présente la lampe Gramme, qui est principalement appliquée à l'éclairage industriel.

b. — Lampes mixtes à électro-moteur (Brevetées S. G. D. G.)

Cette lampe, d'un système nouveau, se manœuvre automatiquement ou à la main. Très employée dans les projecteurs où elle rend de bons services, nous l'avons appliquée également à l'éclairage industriel. La conduite en est facile : il suffit de déplacer un bouton pour passer du réglage automatique à la manœuvre à la main. Elle est robuste et de construction simple. Nous exposons des spécimens de ces lampes de 8 à 150 ampères (lampe du projecteur monstre). C'est avec une lampe mixte que nous éclairons les phares électriques de la Tour Eiffel (100 ampères), et du Palais des Machines (40 ampères). Nous avons également choisi la lampe mixte pour les quinze appareils d'optique fonctionnant sous les fontaines lumineuses du Champ de Mars; elles sont établies pour un courant de 60 ampères.

c. — Lampe mécanique (Breveté S. G. D. G.).

Ce système, que nous avons créé tout récemment, est destiné aux appartements, galeries, magasins et, en général, aux installations pour lesquelles la lampe Gramme est d'un encombrement incommode. Ses dimensions sont, en effet, plus petites et se prêtent mieux à l'éclairage des petits locaux. Elle se construit couramment pour des courants de 3 à 25 ampères. Douze lampes de cette dernière intensité servent à l'éclairage du Palais des Machines.

10° Appareillage pour la lumière électrique.

a. — Un tableau de distribution monté sur ardoise.

b. — Commutateurs, interrupteurs, coupe-circuits en verre pour différentes intensités.

Nous appelons plus spécialement l'attention sur certains perfectionnements récents de notre appareillage électrique. Nos tableaux de distribution, montés sur ardoise, présentent les meilleures conditions d'isolation. On sait combien il est difficile d'éviter les dérivations dans cette partie du circuit. Nos nouveaux commutateurs, coupe-circuits et interrupteurs, sont construits en verre et ainsi parfaitement isolés sans que cette disposition nuise à leur solidité.

11° Crayons électriques pour l'éclairage à arc.

Dans la dernière période décennale, notre atelier de fabrication de crayons électriques a livré 500,000 mètres de crayons, représentant une valeur de 900,000 fr. environ. Ces crayons, dont les diamètres vont de 10 à 45 millimètres, (ce dernier diamètre est employé pour la lampe du projecteur monstre), sont nus ou recouverts d'une couche de cuivre électrolytique. Le positif a une âme en matière plus tendre, le négatif est homogène.

L'Amirauté anglaise, qui a eu à choisir parmi tant de concurrents, a donné la préférence à nos crayons pour le service de la flotte.

12° Application de l'électricité à la Guerre et à la Marine.

Pour ces applications, dont nous nous occupons depuis plus de trente années, et qui constituent une partie importante de nos travaux, on pourra se reporter à nos notices sur les objets que nous exposons dans la Classe 65 (Navigation) et 66 (Art Militaire).

Nous appelons ici tout spécialement l'attention sur le schéma de l'éclairage électrique du canal de Suez, que nous avons établi pour le plan en relief, exposé dans le Pavillon de la Compagnie du Canal, et qui représente les installations dont nous avons été chargés, pour le passage de nuit de cette grande voie maritime.

SAUTTER, LEMONNIER & Cie

CLASSE 63

Matériel et procédés du Génie Civil, des Travaux Publics et de l'Architecture.

RÉCOMPENSES OBTENUES

Exposition Universelle: Paris 1855. — MÉDAILLE D'HONNEUR POUR PHARES
Exposition Universelle: Londres 1862. — MÉDAILLE D'HONNEUR
Exposition Universelle: Paris 1867. – MÉDAILLE D'OR (PHARES ET PROJECTEURS)
Exposition Universelle: Vienne 1873. — DIPLOME DE PROGRÈS
Exposition Universelle: Paris 1878. — MÉDAILLE D'OR (CLASSE DES TRAVAUX PUBLICS)
Exposition Universelle: Anvers 1885 — HORS CONCOURS, MEMBRE DU JURY.

PHARES, FEUX DE PORT, TOURS EN FER, FANAUX, APPAREILS & SIGNAUX SONORES

Appareils pour l'éclairage des côtes livrés jusqu'en 1889: 2061 dont 143 Phares de 1er Ordre

I. — APPAREILS POUR PHARES

OBSERVATIONS GÉNÉRALES

Si aucune modification de première importance n'a été introduite dans les appareils de phares, depuis la dernière Exposition Universelle, certains perfectionnements de détails méritent toutefois d'être notés.

La tendance générale est d'augmenter la puissance des feux.

Lorsqu'on ne peut recourir à l'éclairage électrique, différents moyens peuvent être employés. Dans certaines Administrations, on préconise la suppression des éléments catadioptriques que l'on remplace par des tambours dioptriques superposés, au foyer de chacun desquels se trouve une lampe distincte. Il vaut mieux, à notre avis, conserver un seul foyer, porter à sept ou huit le nombre des mèches concentriques, et augmenter, dans la même proportion, le diamètre de l'optique auquel nous pouvons donner 2m50.

Dans les phares de 1er ordre, l'emploi du bec à six mèches tend à se généraliser. La même préoccupation a fait rechercher les dispositions les plus pratiques pour pouvoir remplacer l'huile végétale par l'huile minérale, et l'Administration française a fait construire, dans ce but, un nouveau type de lampe à niveau constant, très pratique et bien étudié.

Pour les phares électriques, les diamètres de 0m50 et 0m60, précédemment employés, sont regardés maintenant comme insuffisants. Nous ne croyons pas toutefois qu'il soit avantageux de dépasser beaucoup un mètre de diamètre. Pour éviter que le moindre déplacement du foyer lumineux, dans les appareils de 1er ordre, ne rende le feu invisible à l'horizon, on est conduit à calculer les éléments de l'optique avec une certaine divergence. On perd de ce chef ce que l'on gagne en puissance par l'augmentation du diamètre.

PHARES ÉCLAIRÉS A L'HUILE MINÉRALE

1° Appareil de 2e ordre, à feu fixe blanc, alternant avec un feu à éclats rapides.

(Exposé dans la classe 62. — Palais des Machines.)

L'appareil que nous exposons dans le Palais des Machines nous a été commandé par le Gouvernement Hellénique, et doit être installé sur les côtes du Péloponèse dans le courant de l'année prochaine.

Bien que la construction des phares à l'huile diffère sensiblement de celle des phares électriques, nous avons placé néanmoins, au foyer de l'appareil, une lampe électrique qui permet de se rendre compte de l'apparence caractéristique du feu.

L'optique se compose d'un feu fixe, alternant de 30 en 30 secondes, avec un feu à éclats rapides.

Tout l'ensemble de l'appareil fait une révolution complète en 120 secondes ; chaque éclat a une durée de six secondes. Les éclipses sont totales, la disposition de chaque panneau étant la même du haut en bas de l'appareil. Le diamètre intérieur du tambour est de 1m40.

La ventilation de la lanterne du phare, recouverte d'une double coupole en cuivre rouge, est mieux assurée à l'aide d'une série de ventouses placées au-dessus de la galerie de service, immédiatement au-dessous du vitrage. Elles établissent un courant d'air léchant les parois de la lanterne et prévenant ainsi le dépôt de la buée sur les glaces. L'air s'échappe par un orifice annulaire ménagé entre la sablière et la surface intérieure de la coupole double. L'orifice du tube du fumivore, prolongé jusque dans la boule, est protégé par des écrans, convenablement disposés, pour détruire l'influence des coups de vent.

2° Appareil de 2e ordre, à feu fixe blanc, varié par des éclats.

(Exposé dans la classe 65. — Matériel de la Navigation).

Cet appareil, destiné à l'île Mona (Antilles espagnoles), se compose d'une partie fixe éclairant tout l'horizon, et d'un tambour mobile donnant un feu fixe, varié par des éclats de 3 minutes en 3 minutes ; leur intensité est environ 10 fois celle du feu fixe. Le tambour fait une révolution complète en 4 minutes, en sorte que la durée de chaque éclat est de 20 secondes. Nous avons placé, au foyer de l'optique, une lampe à 5 mèches, du type nouveau, à niveau constant, adopté par l'Administration Française. On a réussi, par des perfectionnements de détail, à réduire au minimum le nombre des joints, qui sont du système Regnault, munis de colliers coniques à vis. On est arrivé ainsi à supprimer les suintements, si difficiles à éviter, surtout avec l'huile minérale. Toutes les vidanges se font par la manœuvre d'un seul robinet.

La machine de rotation du phare est logée dans le socle qui supporte l'optique. Elle est pourvue d'un régulateur de vitesse Foucault. Un perfectionnement récent permet le remontage du poids sans ralentir le mouvement. A l'aide d'une disposition spéciale, la réaction sur les paliers, de l'effort exercé par le gardien pour le remontage, est utilisée pour faire tourner l'optique, sans changement de vitesse.

PHARES ELECTRIQUES

Appareil de 0m60 de diamètre placé au sommet de la Tour Eiffel

Le phare électrique placé sur la tour Eiffel nous a été commandé dans le but de signaler au loin le sommet de cette gigantesque construction. Il n'est pas destiné à être vu de l'enceinte même de l'Exposition Universelle.

Les conditions qui nous ont été posées étaient de rendre visible le faîte de la tour à partir de 1,500 mètres de distance de l'axe du monument, jusqu'à l'horizon, sans solution de continuité, avec une intensité sensiblement égale aux distances variables où l'observateur se trouve placé.

Ces exigences, que la position exceptionnelle du phare à 300 mètres de hauteur rendaient assez difficiles à satisfaire, nous ont obligé à modifier le type de phare électrique de 0m60 de diamètre employé par l'Administration des phares de France.

L'appareil est formé d'un tambour de feu fixe, composé de 6 anneaux dioptriques. La lampe électrique est disposée de façon à ce que les rayons émis par ce tambour soient dirigés à l'horizon géographique du point sommet de la tour Eiffel, c'est-à-dire à une distance de 67 kilomètres.

Le tambour est prolongé à sa partie inférieure par une série de 5 anneaux catadioptriques, calculés de manière à répartir également la lumière dans un angle de 11 degrés environ au-dessous du plan horizontal. Les angles de divergence de ces anneaux vont en croissant à partir de l'horizon. Il en résulte que la lumière réfractée est d'autant plus intense que les points à éclairer sont plus éloignés, ce qui permet d'obtenir sensiblement l'uniformité du champ lumineux.

Le tambour dioptrique donne une intensité égale à 12 fois environ celle de la lampe placée à son foyer, et les anneaux divergents une intensité qui varie de 2 à 15 fois celle de la lumière focale. Un deuxième tambour mobile enveloppe l'optique de feu fixe. Il comprend 4 groupes de 3 éclats chacun ; ces éclats sont fournis par des lentilles verticales et colorés aux couleurs nationales à l'aide de verres rouges et bleus. L'intensité dans l'éclat blanc est de 8 fois celle du feu fixe.

La révolution complète du tambour mobile se fait en une minute environ, soit pour chaque éclat une durée de 3 secondes.

La lampe électrique placée au foyer de l'optique est de notre nouveau type mixte, pouvant fonctionner à la main ou automatiquement ; les charbons sont verticaux. Elle est alimentée par un courant continu de 100 ampères et 70 volts, donnant une lumière que l'on peut évaluer à 5.500 becs Carcel. Le charbon positif est placé en haut; l'intensité maxima ainsi reportée au-dessous du plan focal, on a jugé inutile de prolonger beaucoup l'optique au-dessus de ce plan, la presque totalité des rayons émis étant recueillis par le tambour et les anneaux inférieurs.

L'optique éclairant tout l'horizon, sans solution de continuité, le service de la lampe se fait par la partie inférieure ; trois tiges filetées manœuvrées par une couronne permettent d'abaisser la lampe jusque dans la chambre de service. Pendant le fonctionnement, un petit prisme à réflexion totale, placé dans le plan focal, renvoie à la partie inférieure, sur un écran, l'image des charbons ; le gardien peut ainsi exercer une surveillance complète.

Les chiffres précédents montrent que l'intensité du feu fixe émis par le tambour est de 70,000 carcels ; elle s'élève à 500.000 carcels dans les éclats, qui sont ainsi visibles, par un temps moyen, à une distance de 87 kilomètres. Dans Paris, la lumière transmise par les anneaux inférieurs est plus faible ; elle varie dans les éclats de 20.000 à 90.000 carcels, suivant que l'on s'écarte de 1.500 à 5.000 mètres de l'axe de la tour.

Le mouvement de rotation du tambour est imprimé par un moteur électrique agissant au moyen d'un pignon sur une couronne dentée qui fait corps avec le tambour. Une dérivation prise sur la conduite générale d'électricité alimente le moteur dont la puissance n'a pas besoin d'être considérable, toute la partie tournante reposant sur une pointe en acier trempé. Des résistances que l'on introduit dans le circuit d'excitation permettent de faire varier la vitesse de rotation de l'ensemble. Des galets-guides placés latéralement sont destinés à prévenir l'effet des oscillations de la tour sur le mouvement de rotation. C'est la première fois que l'on emploie un moteur électrique pour faire tourner un appareil de phare. Nous ne serions pas étonnés que cette solution si rationnelle ne fût appelée à se généraliser dans les phares électriques. (1)

II. — FEU DE PORT

Appareil de feu de port avec sa cabane.

L'appareil exposé, du type adopté par l'Administration des Phares de France, est destiné, soit à éclairer l'entrée d'un port, soit les rives d'un fleuve ou à servir pour un éclairage provisoire.

Il se compose d'une optique de 30 c/m de diamètre intérieur, éclairant un angle de 240°. L'intensité lumineuse émise est égale à 6 fois environ à celle de la lumière focale. L'éclairage est fourni par une lampe à huile minérale à une mèche.

On hisse le fanal à l'aide d'un treuil du système Mégy, que nous appliquons pour la première fois à la manœuvre d'un feu de port. Sans insister ici sur les avantages de cet appareil de levage, il suffira de rappeler que la descente s'effectue par un simple mouvement de la manivelle, en sens contraire du mouvement de la montée, sans l'aide de frein ou de cliquet. Si on lâche la manivelle, le mouvement s'arrête ; tout accident au fanal devient donc impossible, quelque inexpérimentée que soit la personne chargée de la manœuvre.

---

(1) L'administration des Phares de France expose dans le Pavillon des Travaux Publics, un Appareil électrique pour Phares de 0m50 de diamètre, sorti de nos ateliers. L'apparence est celle d'un feu fixe varié par des éclats.

Nous avons fourni un grand nombre de ces feux de port aux Administrations Françaises et Étrangères.

III. — TOURS EN FER ET EN TOLE

Le modèle exposé est celui d'une tour de 35 mètres de hauteur, formée d'un cylindre en tôle, renfermant l'escalier, en viroles de 2m50 de hauteur et 1m80 de diamètre. Huit nervures ou contreforts, dont le profil extérieur est celui de la tour pleine, maintiennent ce cylindre. De 5 en 5 mètres, les contreforts sont réunis par une couronne horizontale rigide, formant galerie extérieure, d'où l'on peut visiter et entretenir facilement toutes les parties de la construction. La tour se termine par une chambre de service en tôle et la lanterne de l'appareil d'éclairage. A la base se trouve une construction pouvant servir de magasin. Le poids total de la tour est de 80,000 kilogrammes.

Ce système de tour métallique est économique et, en même temps, offre une grande sécurité; l'assemblage des différentes pièces lui permet de résister comme une poutre armée aux plus grands vents. De plus, l'entretien en est facile et la pose rapide. L'expérience que nous avons faite de ce système nous engage à en préconiser l'emploi.

IV. — FANAUX

(Exposés dans la Classe 65. — Navigation)

Nous rattachons à la construction de nos appareils d'optique les fanaux exposés dans la classe du matériel de la navigation. Ces fanaux sont établis pour l'éclairage électrique et constitués par deux optiques en verre taillé, superposées l'une à l'autre, au foyer de chacune desquelles est placée une lampe à incandescence. Toutes les dispositions sont prises, d'ailleurs, pour permettre de remplacer éventuellement la lumière électrique par l'éclairage à l'huile.

V. — APPAREILS & SIGNAUX SONORES

(Exposés dans le Pavillon de l'Administration des Phares. Ministère des Travaux Publics. — Trocadéro)

RENSEIGNEMENTS GÉNÉRAUX

La nécessité de signaler les côtes aux navigateurs, par les temps de brume, alors que les phares électriques eux-mêmes deviennent impuissants, oblige à l'emploi des signaux sonores. En Angleterre et aux États-Unis, l'usage d'appareils de grande puissance, tels que les sirènes et les trompettes, a pris depuis longtemps, un sérieux développement que justifie l'importance des services rendus.

En France, sur les côtes de l'Océan, où le brouillard règne pendant un mois sur douze environ, quelques sirènes à vapeur ont été établies dans le voisinage des nouveaux phares électriques, sur le rapport de M. l'Inspecteur Général Allard.

Depuis peu d'années, nous avons installé en Hollande plusieurs sirènes et trompettes à vapeur; en particulier à Flessingue, et au Hock van Holland près de la Haye. — Le besoin de ces appareils s'est même fait sentir jusqu'en Italie. C'est ainsi que nous avons établi, en 1885, une sirène à vapeur de 1er ordre pour le phare de Punta Maistra (Adriatique). — Tout récemment, nous avons été appelés à étudier, pour l'Administration des Phares de France et à fournir pour plusieurs de nos phares, Gris-Nez, Barfleur, Belle-Ile, et pour un feu flottant, des signaux à air comprimé.

Le matériel assez important, que nous avons construit pour le phare de Gris-Nez, est employé actuellement à une série d'expériences que l'Administration Française a entreprises pour l'étude des signaux acoustiques. La construction de ces appareils avait été l'objet d'un concours, en 1887, entre les différents constructeurs, à des conditions fixées par l'Administration elle-même.

La préférence donnée à l'emploi de l'air comprimé, sur la vapeur, pour les signaux de côtes, tient aux avantages suivants:

1° L'économie d'eau douce, dont l'approvisionnement est très difficile et restreint au bord de la mer. On se sert, en effet, pour actionner le compresseur d'air, soit de moteurs à air chaud, soit, et nous préférons cette solution, de moteurs à vapeur avec condenseurs à surface refroidie par l'eau de mer ou par l'air lui-même. — Aéro-condenseur.

2° La possibilité de fonctionner à tout instant sans aucun délai pour la mise en pression des chaudières. — Il suffit pour cela d'avoir toujours emmagasiné, à haute pression. dans des accumulateurs, le volume d'air nécessaire à la production du signal pendant la période de mise en marche des machines.

3° La suppression complète des entraînements d'eau qui altèrent la nature et la puissance du son dans les sirènes à vapeur, et augmentent la consommation de combustible. Il en résulte la possibilité de donner au pavillon la position verticale. Avec la sirène à vapeur, le pavillon doit être horizontal pour faciliter l'expulsion de l'eau.

4° La possibilité de placer l'appareil sonore à une distance quelconque du moteur, tandis qu'avec la vapeur, il ne peut être établi que dans le voisinage immédiat de la chaudière.

A bord des navires, l'usage des sirènes se répand de plus en plus. Pour augmenter le nombre des signaux que l'on peut faire et les caractériser davantage, on a recours aux sirènes à plusieurs notes.

Nous avons construit et expérimenté avec succès des sirènes à trois notes donnant un son grave, un son aigu et un son complexe formé par la réunion des deux autres. Une particularité à signaler est que, pour augmenter la portée du son double, il faut que ce soit une dissonance; l'intervalle que nous choisissons est la septième.

L'ensemble du matériel exposé par l'Administration des phares de France, dans son pavillon du Trocadéro, nous a été commandé pour le phare de Barfleur.

DESCRIPTION DES OBJETS EXPOSÉS

1° Sirène à deux notes à air comprimé, système Holmes, Sautter-Lemonnier.

Cet appareil, fondé sur le principe de celui de Cagniard de Latour, a subi de nombreuses modifications depuis son origine. Il est formé essentiellement par un cylindre en bronze, tournant avec très peu de jeu à l'intérieur d'un second cylindre fixe. Ces cylindres sont percés de deux séries de fentes, en nombre inégal, suivant leurs génératrices. Les vibrations produites par l'ouverture et la fermeture de ces orifices, qui livrent passage au courant d'air, donnent naissance à un son musical très intense. Chaque série de fentes correspond ainsi à une note et est alimentée séparément. L'intervalle choisi est celui de la quinte. Le mouvement de rotation est dû à l'air lui-même, grâce à l'inclinaison des fentes ; c'est une disposition analogue à celle des turbines.

Les perfectionnements réalisés sur nos premiers types sont les suivants :

1° Le mode de suspension du cylindre tournant est plus exact, l'axe étant supporté par deux pointes en acier trempé.

2° Il est possible de faire varier la consommation et, par suite, l'intensité du son, à l'aide d'un troisième cylindre obturateur enveloppant les deux autres et que l'on peut déplacer latéralement. Il est percé de larges fentes, qui, dans ce mouvement, offrent ainsi une section variable au passage de l'air.

3° Le régulateur de vitesse, à force centrifuge, fait varier la hauteur du son émis même pendant le fonctionnement au moyen d'un ressort antagoniste à tension variable.

4° Les soupapes d'arrivée d'air sont commandées par l'armature d'un électro-aimant, et elles sont équilibrées de façon à ce que l'effort à exercer soit peu considérable. L'ouverture et la fermeture se font instantanément. L'ensemble de la sirène, mobile entre les deux bras d'une fourche, tournant elle-même dans un support fixe, peut être orienté horizontalement ou verticalement et braqué ainsi dans la direction reconnue la plus favorable.

2° Dynamo et distributeur

Le courant électrique, nécessaire aux électro-aimants de la sirène, est produit à l'aide d'une petite dynamo électrique Gramme. Avant de se rendre à la sirène, il passe dans un *distributeur*, appareil destiné à régler la durée des sons et leur intervalle. On peut ainsi faire varier les sonneries et leur donner tel caractère qui paraît le plus convenable.

3° Compresseurs

Le compresseur employé est à deux cylindres. Le premier comprime l'air à la pression de 5 kos, le second l'amène de 5 à 15 kilos.

Le cylindre à basse pression alimente, en marche normale, la sirène. Le cylindre à haute pression est destiné à charger les accumulateurs.

Ce compresseur est à grande vitesse. Il y est fait usage des procédés de refroidissement dus à M. Colladon, trop connus pour qu'il soit utile de les rappeler ici.

4° Accumulateurs

L'air comprimé à la pression normale de 5 kilos est conduit dans un réservoir de distribution qui sert en même temps de régulateur, d'où il se rend à la sirène.

Un second réservoir emmagasine l'air à la pression de 15 kilos. Il pourvoit au fonctionnement immédiat des appareils sans que l'on ait à attendre la mise en marche du compresseur. Des détendeurs ramènent l'air de 15 kilos à 5 kilos pour la consommation de la sirène. On peut également faire passer l'air du réservoir à haute pression dans le réservoir à 5 kilos. Pendant l'allumage, le mouvement est communiqué à la dynamo et au distributeur par un petit moteur oscillant à air comprimé, système Mégy, faisant 300 tours par minute et alimenté par l'accumulateur. Une fois le moteur mis en marche, c'est une transmission intermédiaire avec débrayage qui fait tourner ces deux appareils.

Signalons enfin l'emploi, dans la transmission générale, de deux embrayages du système Mégy, pour la commande indépendante de la machine magnéto-électrique du phare et du compresseur.

Le moteur est un moteur à air chaud du système Bénier, d'une puissance de 12 chevaux.

Le matériel exposé par l'Administration des Phares représente l'installation d'un signal sonore pour un phare électrique ordinaire. — Barfleur.

Dans notre Exposition Centrale, nous avons fait figurer, en outre, des photographies du matériel plus important que nous avons livré pour le phare de Gris-Nez. Il comprenait deux sirènes à deux notes et deux trompettes à anche, Système Holmes, à deux notes. Dans ces appareils, chaque note a un pavillon spécial, la hauteur du son se modifiant suivant la grandeur et la forme du pavillon. Les trompettes ne peuvent fonctionner qu'à une pression variant de 1 à 2 kilos. Un mécanisme spécial permet de faire varier la hauteur des notes émises.

Le distributeur, qui commande les deux sirènes et les deux trompettes, est plus compliqué; on peut, à l'aide de cet appareil, réaliser toutes les combinaisons de sonneries possibles en faisant varier les intervalles.

Enfin, les sirènes et trompettes sont placées, les unes à l'extrémité d'une conduite d'air comprimé de 110^{m} de long, et les autres à l'origine d'une conduite de grand diamètre qui porte le son à 1200^{m} plus loin.

Un des buts que l'on s'est proposé, dans les expériences actuellement en cours, est précisément de comparer ces deux modes de distribution.

On peut voir également, dans notre Exposition centrale, — Palais des Machines, — une sirène à vapeur à une note, pour navires (type Cie Transatlantique), et une trompette à anche.

SAUTTER, LEMONNIER & Cie

CLASSE 65

MATÉRIEL DE LA NAVIGATION ET DU SAUVETAGE

Exposition Universelle : Vienne 1873. — DIPLÔME DE PROGRÈS
Exposition Universelle : Paris 1878. — MÉDAILLE D'OR (classe de la Navigation)
Exposition Universelle : Anvers 1885. — HORS CONCOURS (MEMBRE DU JURY).
Exposition Maritime Internationale : Hâvre 1887 : DIPLÔME D'HONNEUR

ÉCLAIRAGE EXTÉRIEUR ET INTÉRIEUR DES NAVIRES PAR L'ÉLECTRICITÉ MOTEURS & DYNAMOS A GRANDE VITESSE, - PROJECTEURS, - FANAUX, - SIGNAUX ÉLECTRIQUES, - APPAREILS D'ÉCLAIRAGE POUR L'ARC ET L'INCANDESCENCE

OBSERVATIONS GÉNÉRALES

Dès l'apparition des machines dynamos, nous les avions appliquées à l'éclairage extérieur des navires par les projecteurs. L'éclairage intérieur par l'incandescence a été réalisé quelques années plus tard. Il est entré si bien dans la pratique courante que l'on ne construit plus un seul navire nouveau sans l'éclairer entièrement à l'électricité.

Éclairage extérieur par les projecteurs

L'emploi des projecteurs à bord des navires a pris une large extension, due à l'invention du colonel Mangin depuis l'Exposition de 1878. L'usage des projecteurs Mangin, dont nous sommes les seuls constructeurs, est réglementaire pour la plupart des navires de guerre. La puissance de pénétration sous un faible poids, la densité et l'homogénéité de son faisceau, l'ont placé au premier rang de tous les appareils similaires. Signalons également la solidité du miroir, qu'il doit à sa forme en voûte;* enfin, la possibilité de lui donner toutes les dimensions depuis 30 centimètres pour les petits bâtiments, jusqu'à 1m,500 de diamètre, projecteur-monstre, le plus grand construit jusqu'ici, que nous exposons dans le Palais des Machines.

* Dans des expériences exécutées récemment à bord de " l'Amiral Baudin ", tandisque les cloisons étaient arrachées, les portes vitrées et tous les objets en verre brisés, le miroir du projecteur résistait sans aucun dommage pendant le tir des grosses pièces.

A l'origine, on estimait suffisant d'avoir un projecteur par navire. On considère maintenant le nombre de 4, deux à bâbord, deux à tribord, comme un minimum pour tous les grands bâtiments. Des exemples récents montrent que l'on ne s'en tiendra pas là. Sur le " Lépanto ", cuirassé italien, 12 projecteurs, dont les faisceaux se recouvrent mutuellement, embrassent tout l'horizon, en créant un rideau lumineux qui empêche les surprises des torpilleurs. L' " Iver ", croiseur danois, en possède 8 destinés au même but.

L'augmentation du nombre des projecteurs nous a amenés à chercher les moyens d'en faciliter le service, le personnel exercé devenant insuffisant pour les soins que nécessite une bonne marche. Nous citerons ici deux perfectionnements importants : la substitution de notre nouveau type de lampe mixte à la lampe à main, et la création d'un type de projecteur dont les mouvements sont commandés à distance.

On sait que les premières lampes employées dans les projecteurs étaient des régulateurs automatiques Serrin ; la complication de leurs organes et leur réglage difficile leur firent substituer la lampe à main, qui, conduite par un homme habile et expérimenté, donne une taille parfaite aux crayons. Notre type mixte, automatique ou à main, participe aux avantages des deux systèmes, tout en étant, comme la lampe à main, de construction rustique.

La commande à distance du projecteur est un grand progrès. Elle permet à l'observateur, placé dans les conditions les plus favorables pour la vision, de diriger le faisceau lui-même sur les points à éclairer, et elle supprime ainsi l'intermédiaire chargé de la manœuvre de l'appareil. Muni d'une lampe automatique, un projecteur commandé à distance, peut être exposé au feu de l'ennemi, tandis que l'opérateur est entièrement abrité. C'est par l'électricité que nous avons réalisé la commande à distance du projecteur. — On trouvera plus loin une description de ce système.

Traversée de nuit du Canal de Suez

L'ouverture pendant la nuit du Canal de Suez, qui date de deux ans à peine, a répandu l'usage des projecteurs dans la marine du commerce où ils étaient jusqu'ici presque entièrement ignorés.

Nous avons livré, dans ce court espace de temps, 34 appareils photo-électriques. La plupart sont des ensembles complets, moteur-dynamo et projecteur, d'un faible poids et d'un encombrement réduit, en location à bord des navires qui ne possèdent pas leurs propres moyens d'action, pour la traversée du canal seulement, à Port-Saïd ou à Suez.

Sur 1610 navires qui ont transité de nuit le canal de Suez, 1040 étaient munis de nos appareils, dont 690 pris en location à la maison bien connue, Worms, Josse et Cie.

Outre les Messageries Maritimes, nous sommes également fournisseurs de la Peninsular Oriental Compagny, du Lloyd Austro-Hongrois et de la Compagnie Florio-Rubattino.

On peut voir, au Pavillon de la Compagnie du Canal de Suez, un relief exécuté à l'échelle, représentant le passage de nuit du Canal à l'aide de nos projecteurs, et l'éclairage électrique des rives par les pylones de notre construction. Ce plan lumineux est entièrement éclairé le soir à l'électricité et donne une idée assez exacte des moyens mis en œuvre.

Avantages des Projecteurs pour les navires de commerce.

L'emploi des projecteurs sur les navires de commerce facilite de nuit toutes les manœuvres, l'appareillage, le mouillage, l'entrée et la sortie des ports, le chargement et le déchargement.

Les dangers d'abordage sont diminués dans les parages dangereux où l'on est exposé à rencontrer d'autres navires ou des glaces flottantes. On peut facilement reconnaître une côte, guider ou rallier une embarcation, et l'on possède un appareil de signaux supérieur à tous les autres. Ces avantages sont appréciés depuis quelque temps par les yachts et les embarcations de plaisance qui peuvent, à l'aide de projecteurs, naviguer de nuit sur les lacs, les rivières et les canaux. Cet éclairage leur procure aussi le moyen (1) de faire de riches illuminations.

Éclairage intérieur des Navires

C'est en 1882 que nous avons installé le premier éclairage intérieur de navire, par l'incandescence, sur un navire de la Marine Royale italienne. Nous avons été les premiers à propager l'emploi de l'électricité dans la Marine Française.

Nous avons effectué, ces dernières années, l'éclairage de 17 bâtiments, dont les cuirassés : " Redoutable ", " Richelieu ", " Furieux ", " Indomptable ", " Courbet ", " Terrible ", " Amiral-Baudin ", " Tonnerre ", " Caïman " et les croiseurs " Japon ", " Sfax ", " Tage ", " Troude ", " Lalande ", " Cosmao ", " Davout ", " Suchet ".

Nous avons également fait l'installation de 2 cuirassés et de 2 croiseurs étrangers, dont le " Pélayo " pour l'Espagne, " l'Amiral-Kornilow " pour la Russie et " l'Unebi " pour le Japon. Dans la Marine du commerce, nous avons été chargés de l'éclairage complet de 4 bâtiments de la Compagnie Transatlantique. Quant aux Messageries Maritimes, à deux ou trois exceptions près, tous les navires de leur flotte sont pourvus de nos dynamos.

Il est inutile d'insister ici sur les multiples avantages de l'éclairage intérieur des navires par l'incandescence; nous signalerons seulement l'application que nous en avons faite aux feux de signaux et aux feux de route. L'électricité double facilement la portée des fanaux et elle donne toute sécurité comme allumage, tout en fournissant un moyen de contrôle automatique.

Les appareils manipulateurs pour signaux ont été notablement perfectionnés dans ces derniers temps, en France et à l'Étranger. La Marine Française emploie le manipulateur à touches; certaines Marines Etrangères préfèrent le manipulateur à cadran, (système Ardois).

Moteurs à grande vitesse

Pour l'éclairage des navires en général, nous avons créé une série de types de dynamos et de moteurs répondant aux besoins assez complexes de ces installations.

A l'origine, nos dynamos Gramme étaient actionnées directement ou par courroie, par des moteurs Brotherhood ou des moteurs Mégy. La vitesse de rotation variait de 800 à 1,200 tours par minute, suivant les types.

---

(1) Parmi les yachts auxquels nous avons livré des projecteurs, nous pouvons citer le « Rinda », appartenant au grand-duc Alexandre de Russie; ceux de MM. Menier, en France, et de Gordon-Benett, aux Etats-Unis.

A mesure que l'emploi de l'électricité est devenu plus répandu et plus prolongé à bord des navires, il a fallu employer des machines plus puissantes. Pour réduire l'encombrement, les dynamos-marines doivent toujours être commandées directement par leur moteur. Cette condition entraîne celle d'une faible vitesse angulaire.

La plupart de nos dynamos sont multipolaires et tournent, en effet, à 300 ou 350 tours. Les moteurs auxquels nous nous sommes arrêtés de préférence sont ceux du genre Pilon dont nous construisons un grand nombre de types de toute puissance, de 1 à 100 chevaux. On pourra voir également, dans notre Exposition, un nouveau moteur Woolf, horizontal, dont l'encombrement est également réduit.

Le trait caractéristique du nouveau matériel à vitesse réduite est une consommation de vapeur qui ne dépasse pas, dans les conditions normales, 10 kilos, par cheval-heure. On jugera par ce chiffre des progrès réalisés depuis la construction des premiers moteurs Brotherhood, qui consommaient quatre ou cinq fois davantage.

Les perfectionnements apportés dans l'établissement et la construction de nos moteurs à vapeurs sont dus, en grande partie, aux travaux de l'un de nos collaborateurs, M. Wissler.

La puissance totale des moteurs à grande vitesse, sortis de nos ateliers, depuis l'origine en 1882, jusqu'en 1889, est de 5000 chevaux. Les machines dynamos, livrées par nous à la Marine, représentent une puissance de 10,000 chevaux électriques.

Dans ces derniers temps, nous avons entrepris la construction toute spéciale du turbo-moteur électrique, système Parsons, que son poids et son encombrement extrêmement réduits, désignent particulièrement pour les applications maritimes.

Moteurs électriques

En combinant un moteur électrique Gramme et une transmission de mouvement par tiges flexibles, nous avons appliqué l'électricité au travail de perçage des tôles de navires. Le poids réduit et la commodité de cet outillage, nous engagent à le préconiser pour les chantiers maritimes. Nous avons livré une série de ces appareils à l'Arsenal de Yokoska (Japon).

Dans la Classe 48 (Palais des Machines), figure un ventilateur actionné électriquement; nous pouvons, à juste titre, le mentionner comme une autre application de l'électricité au matériel de la navigation.

Nous ne doutons point, en effet, que dans un avenir rapproché, l'électricité, consacrée jusqu'ici exclusivement à l'éclairage, ne soit employée comme force motrice à bord des navires. Les perfectionnements apportés dans la construction des dynamos, permettent d'installer désormais de puissantes sources électriques, fournissant un moyen avantageux de transmission de force pour les nombreux engins dont la manœuvre est faite encore par des moteurs spéciaux encombrants et incommodes.

DESCRIPTION DES OBJETS EXPOSÉS

I. — APPAREILS PHOTO-ÉLECTRIQUES

1° Un projecteur Mangin de 0m60 de diamètre, commandé à distance (Bté S. G. D. G.)

(Exposé dans la Classe 62. — Électricité. — Palais des Machines).

Ce projecteur est du type couramment employé dans la Marine, avec miroir Mangin de 60 c/m de diamètre. Le mécanisme permettant la commande à distance est placé dans le socle. Il se compose de deux systèmes d'électro-aimants dont les armatures à cliquets actionnent l'axe vertical de l'appareil pour le mouvement en azimuth, et une crémaillère fixée sur le tambour pour le mouvement en hauteur. Le courant des électro-aimants est pris en dérivation sur celui de la lampe, et il ferme son circuit sur un commutateur à cadran. En tournant la manette du commutateur, on ferme et on ouvre le circuit, les électros attirent l'armature et produisent le mouvement horizontal ou vertical. On peut faire décrire un tour complet au projecteur en 120 secondes.

Les avantages de la commande à distance sont multiples. Une seule et même personne, un officier, par exemple, peut manœuvrer le projecteur et faire les observations. Placée dans une position convenable, loin du faisceau, dans d'excellentes conditions de visibilité, elle peut en même temps braquer le projecteur commodément sur tous les points qu'elle observe. La transmission des ordres pour la manœuvre, toujours si incertaine et si incommode, est supprimée. Enfin, si le projecteur est exposé au feu de l'ennemi, l'opérateur peut se mettre entièrement à l'abri.

2° Un projecteur Mangin de 0m,30 de diamètre, posé ou suspendu. (Bté S. G. D. G.).

(Exposé dans la classe 65. — Palais des Machines).

Ce projecteur, destiné aux barques à vapeur, aux petits torpilleurs, peut être à volonté suspendu à la Cardan ou posé sur un socle. Le tambour est soutenu par une fourche se terminant par un support en fonte. On fixe ce support à l'aide de vis sur un socle quelconque, ou bien on relève la fourche et l'on adapte au support une charnière qui permet au tambour un mouvement à angle droit sur celui de la fourche.

On réalise ainsi une suspension à la Cardan.

Le projecteur est muni d'une porte divergente amovible donnant au faisceau une divergence horizontale de 12 degrés.

3_0 Projecteur Mangin de 0m40 de diamètre sur fourche, type Suez (Bté S. G. D. G.)

(Exposé dans le Pavillon de la Compagnie du canal de Suez)

Cet appareil est monté sur une fourche portée par une colonne en fonte évidée. Il est léger et peu encombrant. Une porte divergente étale le faisceau sur un angle de 20 degrés. Avec ce projecteur, le passage de nuit du canal de Suez s'effectue facilement. Il suffit, pour éclairer à 2000 mètres, d'un courant de 40 ampères. En 1888, 64 pour °/₀ des navires ayant passé de nuit le Canal de Suez, étaient munis de cet appareil. Les autres navires ont employé surtout des projecteurs de construction anglaise à miroirs sphériques. Il a fallu, pour obtenir l'éclairement convenable avec ces derniers, porter le diamètre à 60 centimètres et le courant à 60 ampères.

Le plan en relief du Canal de Suez, éclairé à la lumière électrique, exposé dans le Pavillon de la Compagnie, donne une idée exacte, du système général, dont l'étude et l'exécution nous ont été confiées, permettant le transit nocturne de l'Isthme de Suez.

La traversée, pendant la nuit, du Canal, a non seulement porté remède à l'encombrement, mais elle est effectuée par tous les grands paquebots, de préférence au passage de jour, à cause de la température plus supportable, du moindre encombrement et de l'économie de temps.

4° Lampe mixte à électro moteur, pouvant à volonté se régler automatiquement ou à la main (Système breveté S. G. D. G.)

Voir les projecteurs de 1m500, de 0m90, de 0m60

(Palais des Machines. — Ministère de la Guerre. — Tour Eiffel. — Fontaines lumineuses.)

Le rapprochement des charbons est obtenu, comme dans la lampe à main ordinaire, par une vis à deux filets, de pas inverses et différents, déterminés pour donner au charbon positif un avancement double de celui du négatif. Les deux tiges filetées sont relevées par un emmanchement et tournent toujours simultanément, mais la tige inférieure peut être déplacée dans le sens de la longueur par rapport à la tige supérieure.

La vis est manœuvrée, soit par un volant (on a alors une lampe à main), soit par un système puissant d'électro-aimants logés dans le socle. Un électro-aimant sert à l'allumage, l'autre au rapprochement des charbons en faisant tourner la vis à l'aide d'un cliquet. L'électro-aimant agit comme moteur au lieu et place de la main, d'où le nom de lampe mixte à *électro-moteur*.

Cette lampe présente les mêmes qualités de construction robuste, à l'abri des avaries, que la lampe à main, et elle est supérieure aux autres systèmes automatiques par l'absence d'organes délicats, tels que mouvement d'horlogerie, chaînette-galle.

Nous en construisons pour projecteurs ou pour l'éclairage en général, de 5 à 150 ampères.

II — MOTEURS ET DYNAMOS

1° Une dynamo triplex commandée directement par un moteur à axe central (Bté S. G. D. G.)

(Exposé dans la Classe 65. — Annexe de la Marine)

Cet ensemble a été créé pour l'éclairage des nouveaux croiseurs, du type " Troude ", " Lalande " et " Cosmao ".

Le moteur est du genre Pilon, à deux cylindres, placés à la partie inférieure et servant de bâti à tout le système. L'arbre de couche est dans l'axe même de l'ensemble, au centre de la machine. Il en résulte que la hauteur totale de l'appareil ne dépasse pas celle de la dynamo.

Les avantages de cette nouvelle disposition sont :

1° Un encombrement très réduit, comme on peut s'en convaincre par les dimensions suivantes :

(Hauteur totale, 1m40; Longueur, 2m00; Largeur, 1m05).

L'appareil peut s'installer dans les locaux les plus exigus, comme ceux des bas-côtés des croiseurs à pont blindé, en carapace de tortue.

2° Un poids minime, tout l'ensemble ne pèse, en effet, que 2,600 kilos.

3° Un démontage facile qui n'oblige pas à réserver un espace supplémentaire en hauteur. En déclavetant la traverse supérieure du bâti, on peut retirer le couvercle du cylindre, le piston et sa tige.

Les tiges des pistons, agissant par le moyen d'un cadre sur des bielles en retour, actionnent directement l'arbre de couche. La pression normale de marche est de 6 kilos, avec échappement à air libre, ou de 5 kilos avec condensation. On peut toutefois employer des pressions de 7 ou de 8 kilos.

Le régulateur de pression permet de faire varier l'allure normale du moteur, tout en conservant une grande sensibilité. L'absence de frottements dans la tranmission des efforts est obtenue au moyen d'articulations spéciales. En pleine charge, si l'on vient à interrompre le courant de la dynamo, la vitesse varie à peine d'un tour sur 350. La consommation de ce moteur ne dépasse pas 10 kilos, par cheval effectif, en marche normale. La dynamo est multipolaire à 6 pôles et donne un courant de 150 ampères et 70 volts. On trouvera dans notre notice sur la Classe 62, une description de ce type de machine.

La bobine est montée sur l'arbre du moteur, qui se prolonge en porte-à-faux. On peut ainsi mettre en place l'induit et le collecteur, indépendamment du moteur et des inducteurs portés par un bâti en fer fixé aux cylindres. Cette disposition facilite le démontage et les réparations.

2° Une dynamo duplex actionnée directement par un moteur Pilon Compound à 2 cylindres (B^té S. G. D. G.)

(Exposé dans la Classe 62. — Palais des Machines)

Cet ensemble a été réalisé pour l'éclairage du cuirrassé "l'Indomptable", dans le but de substituer à l'emploi des moteurs spéciaux, tels que le Brotherhood ou le Mégy, le moteur Pilon, type courant dans la Marine. Nous sommes arrivés ainsi à un appareil puissant, peu encombrant, tournant à une faible vitesse angulaire (350 tours) et consommant peu de vapeur. Sa construction est rustique, et sa conduite peut être confiée à un mécanicien ordinaire. La dynamo est à deux paires de pôles, l'enroulement est compound, le travail absorbé variant proportionnellement au nombre de lampes allumées.

Le moteur Compound marche à condensation, ou avec échappement à air libre. La distribution est faite dans le grand cylindre par un seul tiroir, et dans le petit cylindre par un tiroir double à détente variable. Les deux cylindres sont placés à la partie supérieure du bâti. L'accouplement du moteur et de la dynamo est obtenu à l'aide d'un manchon flexible à ressorts.

Les dimensions d'un ensemble sont : longueur 3m40, largeur 0m80 ; hauteur 1m60. Poids 3.200 kilos.

Avec ses appareils on peut alimenter :

225 lampes à incandescence de 10 bougies, ou 4 projecteurs de 0m60 de diamètre, ou 8 projecteurs de 0m40.

Nous avons fourni 27 de ces ensembles à la Marine Française pour les cuirassés "Indomptable", "Courbet", "Bayard", "Terrible", "Amiral Baudin", "Fulminant", "Caïman", etc.

3° Dynamo Gramme actionnée directement par un moteur horizontal Woolf Tandem à 2 cylindres (B^té S. G. D. G.)

(Exposé dans la Classe 62. — Électricité. — Palais des Machines)

Cet ensemble d'appareils, de création toute récente, a été construit pour être placé parallèlement à l'axe du navire, dans l'espace triangulaire que limitent le pont blindé et le bordé de nos nouveaux types de croiseurs (type Davout).

Les deux cylindres du moteur sont couchés horizontalement et en prolongement l'un de l'autre, en sorte que leur hauteur ne dépasse pas celle de la dynamo, elle-même de forme ramassée.

Les dimensions générales sont les suivantes :

Hauteur 900 m/m, largeur 1m625, longueur 2m432.

Le moteur est à deux cylindres construit pour une pression normale de 7 kilos, avec échappement à air libre ou à condensation. La dynamo est à deux pôles, fournissant à 350 tours un courant de 200 ampères et 70 volts; elle est placée à angle droit du moteur. Toute la distribution, le graissage, la dynamo elle-même, en un mot les parties à surveiller, sont accessibles, tournées vers l'intérieur du navire, où la hauteur disponible va en augmentant.

La consommation est de 10 kilos par cheval-heure effetif mesuré au frein.

4° Un turbo-moteur Parsons de 60 ampères et sa dynamo (Bté S. G. D. G.)

(Exposé dans la Classe 62. — Électricité. — Palais des Machines)

Nous exposons dans la classe de l'Electricité un turbo-moteur, système Parsons, construit dans nos ateliers. Cet appareil est formé par un cylindre dans lequel tourne un arbre, portant une série de petites turbines mises en mouvement par la vapeur. L'arbre se prolonge dans l'axe de la dynamo dont la bobine est du type à tambour. En marche normale, la vitesse est de 9000 tours par minute à la pression de 5 kilos. Le graissage est automatique et n'exige aucune surveillance. L'appareil exposé fournit un courant de 60 ampères à 70 volts de tension ; son poids, très réduit, est de 350 kilos pour l'ensemble moteur et dynamo.

Les dimensions sont : hauteur 0m,80, largeur 0m,50, longueur 1m,80.

Le système de réglage aéro-magnétique n'exige aucune surveillance et permet d'éteindre, en pleine charge, toutes les lampes, sans faire varier la tension de plus d'un volt aux bornes.

III. — APPAREILLAGE POUR L'ÉCLAIRAGE DES NAVIRES

1° Appareillage pour l'incandescence.

A. — Un tableau de distribution pour cuirassé, comprenant 3 ampère-mètres, 1 voltmètre, 10 commutateurs et coupe-circuits généraux. Ces différents appareils sont montés sur ardoise, ce qui assure une isolation excellente.

B. — Un avertisseur automatique d'extinction de fanaux placé dans le compartiment du moteur. Lorsque l'un des feux de route s'éteint pour une cause quelconque, on en est prévenu par une sonnerie et par l'allumage instantané d'une lampe blanche, verte ou rouge correspondant au fanal éteint.

C. — Un manipulateur à touches pour signaux électriques, système (b[té] s. g. d. g.) adopté par la Marine Française. A chaque fanal correspond une touche déterminée, l'allumage est indiqué par un voyant qui se démasque.

D. — Un manipulateur à cadran pour signaux électriques. Ce système (b[té] s. g. d. g.) dû au Commandant Ardois de la Marine Royale d'Espagne, donne le moyen d'effectuer un signal donné, inscrit sur le cadran, par un seul mouvement de la manivelle.

E. — Une lanterne à incandescence pour l'éclairage du pont, renfermant 10 lampes à incandescence.

F. — Une collection d'appareils à incandescence comprenant :

Un fanal mixte.

Un bras mixte, type " Amiral Kornilow ".

Un bras orné nickelé. — Chambres et carrés des officiers.

Une suspension ornée, type Cie Transatlantique.

Un support articulé, type " Pélayo ".

Deux lanternes de muraille grillagées pour machines, chambres de chauffe, etc.

Deux lanternes wagon pour entreponts, batteries, postes de couchage.

Une lanterne de muraille avec suspension articulée.

Une lanterne à main pour l'éclairage des navires en construction.

Ce qui distingue notre appareillage électrique pour l'éclairage des navires, c'est le choix des matériaux incombustibles (nous employons surtout le verre et l'ardoise) insensibles à l'action destructive de la chaleur et de l'humidité. Ce sont là des conditions nécessaires pour des pièces devant servir dans toutes les parties des bâtiments de guerre modernes.

2°. Fanaux électriques pour feux de route. (B[té] S. G. D. G.).

Les principaux avantages de l'éclairage électrique des feux de route sont une augmentation de la puissance lumineuse et une sécurité beaucoup plus grande pour l'allumage et l'entretien de la lampe.

Les fanaux électriques que nous exposons ont deux optiques superposées renfermant chacune à son foyer une lampe à incandescence de 30 bougies. Chaque lampe est indépendante et peut fonctionner en cas d'accident arrivé à l'autre; les chances d'extinction absolue du fanal sont ainsi réduites de moitié. En employant deux optiques, nous avons évité la pratique vicieuse qui consiste à placer deux lampes dans la même optique; ni l'une ni l'autre n'est alors au foyer, et loin d'accroître, on réduit l'intensité lumineuse du feu.

L'allumage et l'extinction du fanal se font à distance avec la même facilité, quel que soit l'état du temps. Enfin, l'avertisseur automatique permet de contrôler à tout instant l'état du fanal.

Au cas où toutes les sources de l'électricité viendraient à être taries, on peut remplacer les lampes à incandescence par une lampe à pétrole ordinaire dont la flamme occupe le foyer de l'optique supérieure. Ce système de fanaux a été adopté par la Marine Française.

3°. Fanaux électriques pour feux de signaux.

Le jeu complet, tel qu'il est employé à bord du " Pélayo ", cuirassé espagnol, comprend 5 fanaux à double optique, rouge et blanche, que l'on hisse les unes au-dessus des autres. Le nombre des combinaisons que l'on peut faire en les allumant répond au nombre de signaux tracés sur le cadran du manipulateur Ardois. On peut sans difficulté augmenter ou diminuer le nombre des fanaux et par suite les signaux eux-mêmes.

Ce système a paru, à diverses personnes compétentes, présenter plus de sécurité que le système à touches ordinaire, toutes les indications portées sur le cadran étant télégraphiées sans erreur possible. Les avantages de rapidité, sûreté, clarté, commodité, par tous les temps, des signaux électriques en mer, sont assez connus pour qu'il soit inutile de les développer ici.

SAUTTER, LEMONNIER & Cie

CLASSE 66

MATÉRIEL ET PROCÉDÉS DE L'ART MILITAIRE

RÉCOMPENSES OBTENUES

Exposition Universelle : Vienne 1873. — DIPLÔME DE PROGRÈS
Exposition Universelle : Paris 1878. — MÉDAILLE D'OR (classe des Appareils d'Eclairage)
Exposition Internationale d'Electricité : Paris 1881. — MÉDAILLE D'OR
Exposition Internationale d'Electricité : Vienne 1883. — MÉDAILLE D'OR
Exposition Universelle : Anvers 1885. — HORS CONCOURS (MEMBRE DU JURY).

APPAREILS PHOTO-ÉLECTRIQUES

OBSERVATIONS GÉNÉRALES

L'application de l'éclairage électrique à l'art militaire a pris un sérieux développement depuis l'Exposition Universelle de 1878.

L'emploi des projecteurs de lumière électrique s'est généralisé.

Les études poursuivies ces dernières années, dans les principales armées européennes, ont fait ressortir toute l'importance de cette nouvelle méthode d'observation à la guerre. L'excellent parti que l'Armée Française en Tunisie, au Tonkin, en Chine, et, plus récemment, les Anglais en Egypte et les Italiens en Abyssinie, ont su tirer des appareils photo-électriques ont démontré pleinement l'efficacité vraiment pratique de leur action, aussi bien pour l'offensive que pour la défensive.

La France, où l'invention des projecteurs électriques a pris naissance et s'est développée sous l'impulsion de savants officiers, a accueilli la première avec faveur cette application de l'électricité. Une cinquantaine d'appareils ont été mis en service, il y a une dizaine d'années, dans les places fortes et les forts détachés. Il n'est pas douteux que ce nombre ne vienne à être augmenté dans la suite en présence des efforts faits à l'Etranger.

L'Etat-Major allemand s'est décidé récemment à doter l'Armée d'un matériel complet d'appareils photo-électriques pour la défense fixe des places fortes et pour les opérations en campagne. Cette organisation est très avancée. En Russie, en Angleterre, en Italie, en Autriche, en Espagne, en Belgique, en Suisse, de grands efforts sont faits pour étudier et appliquer, de la manière la plus rationnelle, les projections électriques.

L'industrie des projecteurs de lumière est entièrement française. C'est à M. Louis Sautter que l'on doit l'invention, en 1859, et l'exécution du premier projecteur lenticulaire. Depuis cette époque la presque totalité des projecteurs, en usage dans les armées de terre ou à bord des navires, sont sortis de nos ateliers, qui ont livré environ 1500 de ces appareils, représentant une valeur de 12 millions de francs.

Nous ne croyons donc pas exagéré de dire que ce sont nos efforts continus depuis 30 ans qui ont amené les résultats utiles, et, à certains égards, remarquables, obtenus maintenant dans les éclairages à grande distance.

Nous avons cherché à améliorer constamment les dispositions des différents appareils, générateurs, projecteurs ou transporteurs de lumière, en profitant de l'expérience et des conseils de nombreux officiers français et étrangers; qu'il nous soit permis de leur en exprimer ici notre reconnaissance.

Lors d'essais comparatifs, exécutés tout récemment avec nos appareils et les appareils allemands les plus perfectionnés, dans lesquels on a introduit les miroirs paraboliques en verre, la supériorité de notre matériel de guerre a été unanimement reconnue. Si l'on réfléchit que notre expérience dans la construction des appareils photo-électriques date de longues années, que nous avons successivement perfectionné ces engins délicats jusque dans leurs plus menus détails, si l'on tient compte des propriétés remarquables du miroir Mangin, rigoureusement aplanétique, donnant un faisceau réfléchi d'une grande densité et d'une complète homogénéité, il n'y a pas lieu de s'étonner de ce résultat.

Le meilleur témoignage que nous puissions citer à cet égard est la commande de plusieurs appareils qui nous a été faite, après une étude sérieuse, par les Gouvernements Portugais, Belge, Suisse et Roumain.

Nos appareils photo-électriques se divisent en deux groupes distincts:

1° Les appareils destinés aux places fortes ou à la défense des côtes.

Ce sont les plus puissants. Le projecteur est alors monté sur un chariot mobile roulant sur rails, et dans certains cas commandé à distance ou placé à poste fixe pour être éventuellement défendu par un abri cuirassé ou une tourelle à éclipse (Observatoire cuirassé de fort d'arrêt).

Les moteurs et les générateurs d'électricité sont à poste fixe, à encombrement réduit et faible consommation d'eau.

Pour ce qui est de la source lumineuse, la lampe à la main, jusqu'ici généralement employée dans les projecteurs, est remplacée avec avantage par notre nouvelle lampe mixte, automatique ou à main. Ce petit appareil est un perfectionnement important. Au début de l'éclairage à grande distance on se servait de régulateurs automatiques Serrin, mais les difficultés de réglage et la complication de cette lampe lui firent bientôt substituer la lampe à main. Toutefois, le nombre des projecteurs se multipliant beaucoup et leur emploi étant devenu plus fréquent, il est devenu difficile de recruter un personnel suffisant pour les soins que nécessitent une bonne marche et nous avons été tout naturellement conduits à créer ce nouveau type de lampe qui réunit les avantages des deux systèmes.

Parmi nos appareils exposés dans le Palais des machines, nous signalons particulièrement le plus grand projecteur de guerre existant. C'est un projecteur Mangin, d'une taille tout à fait exceptionnelle, 1m500 de diamètre intérieur. Il dépasse de beaucoup les plus grands appareils construits jusqu'à ce jour et nous ne croyons pas exagérer en qualifiant d'extraordinaire l'intensité lumineuse de son faisceau et sa puissance de pénétration. On en trouvera plus loin une description détaillée.

2° Les appareils de campagne mobiles destinés à suivre les opérations.

Nos appareils locomobiles s'emploient aussi bien à l'attaque qu'à la défense des places, en assurant le tir de nuit, en favorisant les travaux de fortification improvisée, en facilitant la jetée des ponts, en éclairant les tranchées, en créant un rideau lumineux qui arrête les vues de l'ennemi ; leur action peut être décisive en cas de surprise, surtout dans les places frontières, les premiers jours qui suivent la déclaration de guerre. Il n'est pas douteux que l'emploi judicieux des projecteurs électriques ne soit un avantage sérieux pour les armées convenablement exercées en temps de paix à se servir de ce matériel.

Les perfectionnements à signaler dans la construction de nos chariots producteurs de lumière sont une diminution de poids qui atteint 40 % ainsi que d'encombrement; une construction plus rustique; l'emploi de chaudières entièrement démontables, à la fois plus puissantes et plus légères; et parmi nos générateurs d'électricité, l'application du turbo-moteur Parsons dont le poids par cheval électrique ne dépasse pas 45 kilos. Des types spéciaux démontables en colis de faible poids sont construits pour les opérations en pays de montagne; d'autres, munis de trucs élévateurs, pour les pays de plaine où il n'existe pas de position ayant des vues sur les environs.

Jusqu'à présent, il semble que nous n'avons en réalité fourni, sauf à la France, que des appareils d'essais et d'études. La chose s'explique tout naturellement par le fait que les progrès des armes de jet, dont l'importance militaire est capitale à notre époque, ont absorbé tous les fonds disponibles.

Nous sommes toutefois autorisés, par les soins que l'Allemagne apporte au développement de son matériel photo-électrique et par les efforts sérieux qu'elle fait pour se créer un corps d'officiers électriciens, à dire, qu'aux premières craintes de guerre, ces appareils seront reconnus comme indispensables à l'armement d'une nation voulant entrer en campagne.

Notre Exposition au Palais du Ministère de la Guerre (Esplanade des Invalides), ne comprend qu'un seul projecteur de grande dimension; les appareils photo-électriques et les divers projecteurs des derniers types, ainsi que le projecteur monstre, étant placés dans notre Exposition Centrale au Rond-Point du Palais des Machines, nous n'avons pas pensé qu'il y eût lieu de mettre d'autres objets: ils auraient fait double emploi avec la série d'appareils photo-électriques en usage dans l'armée française, sortis de nos ateliers, que l'Administration de la Guerre expose de son côté.

DESCRIPTION DES OBJETS EXPOSÉS

PROJECTEURS

1° Projecteur Mangin de 1m500 de diamètre, sur socle fixe (Breveté S. G. D. G.)

(Places fortes, Défense des côtes. — Exposé dans la classe 62. Palais des Machines).

Les plus grands projecteurs qui aient été construits n'ont pas dépassé 90 c/m (Schuckert 96 c/m). L'appareil exposé au Rond Point Central du Palais des Machines est le plus grand exécuté jusqu'ici.

Le miroir a exactement 1m500 de diamètre intérieur. Il est en crown glass. La fabrication particulièrement difficile de cette pièce immense a été effectuée par la Glacerie de Saint-Gobain avec un plein succès. — Cet établissement renommé pouvait seul entreprendre un travail aussi délicat et le mener à bonne fin. La taille a été dirigée de manière à obtenir un réflecteur dont la distance focale est seulement de 1 mètre. Elle n'a pas été sans présenter les plus grandes difficultés que nous n'aurions pu vaincre sans une vieille expérience et des procédés spéciaux.

Les propriétés optiques de ce grand miroir sont aussi parfaites que celles des types ordinaires, l'aberration de sphéricité étant rigoureusement nulle. Nous ne pensons pas que jusqu'ici, il ait été jamais construit, même pour les observatoires astronomiques, de miroir d'aussi grand diamètre. Quant à sa puissance, elle n'est pas difficile à évaluer. Elle serait, pour une source de même intensité, environ trois fois celle d'un miroir de 90 centimètres de diamètre. Avec les dimensions, 2 c/m, de la source lumineuse, le pouvoir amplificateur du réflecteur est de 5625. L'intensité du faisceau est donc 5625 fois celle de la source, 10 à 11,000 carcels,* soit environ 60 millions de carcels ou 6 fois l'intensité du faisceau d'un projecteur de 0m90.

Un observateur placé à 100 mètres du projecteur et regardant le miroir aura la même impression qu'en fixant le soleil dans un ciel pur, son œil recevant la même quantité de lumière.

La lampe employée est de notre nouveau type mixte, à électro-moteur (Brevetée S. G. D. G.). Elle fonctionne automatiquement, ou si l'on veut, à la main. On sait que la manœuvre à la main donne des résultats supérieurs à ceux de la marche automatique par la taille meilleure des crayons que peut obtenir un habile expérimentateur.

Il est presque inutile d'ajouter que les dimensions de ce grand projecteur en font essentiellement un appareil fixe, que l'on pourra placer au centre d'un camp retranché ou d'une place forte, ou encore pour l'éclairage d'une ligne de torpilles, ou dans le voisinage d'une batterie de côte. — Notre opinion, confirmée par de récentes expériences, est que, partout où il est possible de l'installer, un gros projecteur est préférable à plusieurs petits. L'avantage théorique résultant de l'augmentation de puissance est très augmenté en pratique par l'effet du contraste, lequel noie, pour ainsi dire, les faisceaux moins intenses dans l'éclat des rayons réfléchis par les grands projecteurs.

2° Projecteur Mangin de 90 c/m, sur socle à galets pour les places fortes ou la défense des côtes (Breveté S. G. D. G.)

Cet appareil est exposé au Pavillon du Ministère de la Guerre.

Le réflecteur employé est du système Mangin, de 90 centimètres de diamètre intérieur. Le tambour en tôle d'acier repose sur un socle en fonte muni de 4 galets de roulement. On peut déplacer le projecteur sur une voie ferrée.

La lampe est de notre type mixte à électro-moteur, construite pour un courant normal de 100 ampères, correspondant à une intensité d'environ 6000 carcels. Le pouvoir amplificateur du miroir est de 2025, et l'intensité du faisceau de 10 à 12 millions de carcels. Une porte de dispersion, formée par des lentilles cylindriques, plano-convexes, étale le faisceau sur un angle de 10°.

3° Projecteurs Mangin de 90 c/m, placés au sommet de la Tour Eiffel.

Une des particularités les plus intéressantes que présentent ces deux appareils est de pouvoir donner des rayons plongeant jusqu'à 45 degrés de l'horizon, pour éclairer les

* Nous appelons intensité de la source, l'intensité maximum mesurée au photomètre, la face du crayon positif étant tournée vers l'observateur, dans la même position que celle qu'elle occupe relativement au miroir du projecteur.

objets dans le voisinage même de la tour. Nous ne doutons pas que ces appareils ne soient d'un grand attrait pour les visiteurs de la Tour de 300 mètres. Il est du reste assez difficile de prévoir l'effet que l'on en obtiendra.

4° Projecteur Mangin de 0m60 diamètre, sur socle en treillis pour usages militaires (Breveté S. G. D. G.)

(Exposé dans la classe 62. — Palais des Machines).

On peut voir, dans notre Exposition Centrale, cet appareil du type adopté par l'Administration de la Guerre. Faute de place, nous n'avons pas exposé le chariot à deux roues qui sert à le transporter, ainsi qu'un rouleau de câble à double conducteur et une boîte d'accessoires. A l'aide de barres que l'on passe dans des anneaux fixés latéralement, les hommes chargés de la manœuvre du projecteur l'enlèvent de son chariot et viennent le poser, au point où doivent se faire les observations, sur un socle en treillis maintenu par un cercle à sa base; ce support que l'on peut replier à la fin de l'opération et mettre sur le chariot, est léger et peu encombrant.

Avec un projecteur Mangin de 60 c/m, dans des expériences faites à Paris en 1888, dans des conditions d'observations rationnelles, il a été possible de distinguer nettement des objets à une distance de 6500 mètres, l'observateur étant lui-même placé à une distance égale des points éclairés. L'atmosphère était d'une pureté exceptionnelle pour un faubourg industriel de Paris, mais habituelle en rase campagne.

5° Grand appareil photo-électrique, type 1888, dit de 4000 becs carcels perfectionné, modèle léger, pour l'armée de terre ou la défense des côtes. (Breveté S. G. D. G.)

(Exposé dans la Classe 62. — Palais des Machines).

a. Locomobile à lumière. — L'appareil locomobile, générateur d'électricité que nous présentons, dans lequel on s'est préocupé de réaliser le maximum de puissance avec le minimum de poids, présente les perfectionnements suivants:

La chaudière tubulaire, système de Dion, Bouton, Trépardoux (Breveté S. G. D. G.) est démontable. Elle peut être, avec la plus grande facilité, visitée et nettoyée dans toutes ses parties et entretenue ainsi en parfait état. Cette condition est indispensable pour un appareil pouvant rester de longs mois inactif et devant fonctionner néanmoins au premier signal. L'alimentation est assurée normalement par un petit cheval, et, en cas d'accident, par un injecteur de secours. La mise en pression se fait en vingt minutes. Le courant électrique est produit par un turbo-moteur du système Parsons, de faible poids et encombrement. Le graissage est automatique et n'exige pas de surveillance. La régulation est excellente, si bien qu'une lampe à incandescence, placée sur une dérivation même du circuit, fournit l'éclairage. La dynamo est commandée directement par l'arbre d'une turbine à vapeur faisant, en marche normale, 9000 tours par minute.

Cet ensemble produit un courant de 90 à 100 ampères, et l'on peut faire varier la tension de 55 à 70 volts suivant la distance à laquelle le projecteur se trouve placé. L'intensité du foyer lumineux correspondant varie de 5500 à 6000 carcels.

Ces différents appareils sont portés sur un chariot à 4 roues en bois avec moyeux en bronze, du type adopté par l'Artillerie. Nous préférons le bois au fer, à cause de la facilité des réparations en campagne.

Un toit se terminant par un siège pour le conducteur, recouvre la locomobile dont le poids total avec eau et charbon n'est que de 3000 kilos, environ 60 °/₀ du poids des types antérieurs.

b. Chariot du projecteur. — La disposition entièrement nouvelle de ce chariot a été réalisée dans le but de faciliter le chargement et le déchargement du projecteur.

Le chassis de ce chariot à 4 roues vient se recourber à l'arrière pour supporter le projecteur Mangin. Les barres d'enlevage passées dans les anneaux sont ainsi à hauteur d'épaule. Quatre hommes suffisent à le porter sur des points où le chariot n'a pas d'accès et à l'installer sur un socle pliant en fer.

Le chariot porte deux tambours d'enroulement, chacun pour 100 mètres de câble à deux conducteurs concentriques. Ce nouveau câble réalise un progrès sérieux; sa construction et son mode d'attache particulier rendent facile et sûr pendant la nuit l'assemblage des différents tronçons, sans que l'on ait à se préoccuper du sens du courant et des pôles.

On a placé encore sur le chariot une porte de dispersion, un socle en treillis pour le projecteur, des caisses d'accessoires (crayons, lampes à arc, à incandescence), et un matériel téléphonique; il constitue ainsi avec la locomobile un ensemble complet très mobile.

TABLE DES MATIÈRES

Lille. - Imp. Lefebvre-Ducrocq

www.ingramcontent.com/pod-product-compliance
Ingram Content Group UK Ltd.
Pitfield, Milton Keynes, MK11 3LW, UK
UKHW021139230726
13926UKWH00002B/877

9 782013 594844